赣北大湖塘燕山期花岗岩演化对钨矿床形成的作用

黄兰椿　著

U0310086

中国农业大学出版社

·北京·

内 容 简 介

本书根据大量野外实际资料和室内测试研究结果,对世界最大钨矿床——大湖塘钨矿的矿化类型、成矿相关花岗岩的地球化学特征、花岗岩的演化及其成矿关系等,都作了全面、系统的阐述,详细研究了燕山期花岗岩侵位与钨矿成矿的关系。本书从燕山期花岗岩的成岩过程、物质来源和构造演化规律着手,论述了成矿物质的初始来源及钨矿成矿的制约因素。本书是一部研究与花岗岩相关的钨矿床的理论性专著,内容涉及矿床学、地球化学、矿物学、岩石学及构造地质学等方面,可供从事地质科学研究和矿产勘查的技术人员及地质院校师生参考。

图书在版编目(CIP)数据

赣北大湖塘燕山期花岗岩演化对钨矿床形成的作用/黄兰椿著. —北京:中国农业大学出版社,2017.7

ISBN 978-7-5655-1881-2

Ⅰ.①赣… Ⅱ.①黄… Ⅲ.①燕山期-花岗岩 -地质演化-作用-钨矿床-形成-研究-江西 Ⅳ.①P618.670.1

中国版本图书馆 CIP 数据核字(2017)第 167817 号

书　　名	赣北大湖塘燕山期花岗岩演化对钨矿床形成的作用
作　　者	黄兰椿 著

策划编辑	梁爱荣	责任编辑	田树君
封面设计	郑 川	责任校对	王晓凤
出版发行	中国农业大学出版社		
社　　址	北京市海淀区圆明园西路 2 号	邮政编码	100193
电　　话	发行部 010-62818525,8625	读者服务部 010-62732336
	编辑部 010-62732617,2618	出 版 部 010-62733440
网　　址	http://www.cau.edu.cn/caup	**E-mail** cbsszs @ cau.edu.cn
经　　销	新华书店		
印　　刷	北京时代华都印刷有限公司		
版　　次	2017 年 8 月第 1 版　2017 年 8 月第 1 次印刷		
规　　格	787×980　16 开本　9.75 印张　180 千字		
定　　价	39.00 元		

　　本书在安顺学院博士基金项目《晋宁期扬子板块与华夏板块的缝合时间与过程研究(项目编号:asubsjj 2016-08)》支持下完成

前　言

　　华南地区是我国重要的有色金属、稀有金属矿产基地,是环太平洋成矿带的重要组成部分。我国的钨矿储量位居世界第一,大部分钨矿床分布在华南地区。由于国民经济和社会发展的需要,对钨矿资源的开发利用强度越来越大。为查明华南地区钨矿床的成矿地质条件和分布规律,促进矿产资源的勘查和开发,从20世纪80年代开始我国生产、科研和教学单位,在该地区先后开展了多学科、多层次的地质研究工作,取得了丰硕的成果和许多规律性的认识。如《赣南钨矿地质》(朱炎龄等,1981),《华南钨矿》(冶金部南岭钨矿专题组,1985),《南岭某些钨锡矿床的原生分带及成因系列研究》(夏宏远等,1986),以及发表在国内外学术期刊的论文和举办的学术研讨会,都大大丰富和推动了华南钨矿及相关花岗岩的成岩成矿作用和矿床地质的不断深入研究。

　　2010年以来,通过多次勘查,在江西省北部大湖塘地区发现了超大型钨矿矿集区,这些矿床在空间上和成因上与花岗岩侵位关系密切,储量达到110万t,备受国内外学者瞩目。本书在前人大量研究工作的基础上,以探索超大型钨矿床的成因为研究目的,讨论了燕山期的构造演化以及花岗岩的物质来源,通过燕山期花岗杂岩体的岩石学特征、构造背景,结合钨矿床的地球化学研究,初步探讨了该区岩浆演化对大湖塘超大型钨矿床形成的制约机制。全书共计9章内容。第1章概述华南地区的岩浆活动、成矿事件、构造演化的争议以及钨矿床的分布情况;第2章介绍了大湖塘超大型钨矿的区域地质特征;第3章介绍了岩石及矿石样品的分析测试方法;第4章至第6章分别研究了大湖塘燕山期花岗岩的岩石学、年代学以及地球化学特征,并对这些花岗岩的岩石成因和构造背景进行了讨论;第7章研究了大湖塘钨矿矿床同位素地球化学特征;第8章论述了大湖塘燕山期花岗岩岩石成因与成矿的关系,以及建立了该钨矿床的成矿模式。第9章总结了本书主要的研究结论。

　　本书所涉研究内容较多,外业和内业工作量较为繁重。为此特别感谢南京大学地球科学与工程学院蒋少涌教授对本研究的全程指导;感谢中国地质大学(武汉)杨水源副教授对实验和数据处理的指导;感谢中国科学院广州地球化学研究所

— 1 —

马亮副研究员、中南大学李斌副教授、南京大学徐斌老师、河海大学赵海香老师、中国地质大学(武汉)刘晨晖博士后对实验分析进行的指导和帮助;感谢德国柏林自由大学的 Harry Becker 教授、捷克地质科学家 Karel Breiter 博士、南京大学的姜耀辉教授以及赵葵东教授在本书写作中给予的帮助和指导。同时还要感谢南京大学濮巍老师、张文兰老师、武兵老师、赖鸣远老师、杨涛老师、魏海珍老师、刘倩老师、雷焕玲老师,中国科学院地质与地球物理研究所的储著银研究员和颜妍硕士,中国冶金地质总局山东局测试中心的侯明兰主任和林培军实验员,中国科学院地球化学研究所 LA - ICP - MS 实验室的李亮老师,在实验样品测试工作中给予的帮助。

作者从 2011 年开始进行钨矿床及其相关花岗岩的研究,限于学术水平,研究深度尚需挖掘,且对研究中所涉科学问题的解释和分析存在诸多不足,书中漏洞或错误在所难免,恳请读者批评指正。

著 者

2017 年 6 月

目　录

— 1 —

第1章 绪 论

1.1 研究背景

1.1.1 华南燕山期岩浆活动与成矿研究进展

扬子板块与华夏地块于晋宁运动中完成碰撞拼贴组成了现今的华南板块（Wu et al.，2006；Zheng et al.，2007；Wang et al.，2013）（图1-1）。从全球构造角度来看，华南处于欧亚板块和太平洋板块的交接部位，地质背景复杂，构造运动强烈，不同时代、不同类型花岗岩的分布十分广泛。目前已确切查明的花岗岩浆活动包括吕梁期（1900 Ma±）、晋宁期（1000～800 Ma）、加里东期（540～360 Ma）、海西-印支期（360～195 Ma）和燕山期（195～65 Ma）（Charvet et al.，1994；王德滋和沈渭洲，2003；Li et al.，2003；Wang and Li，2003；Li et al.，2008；Jiang et al.，2013），其中以燕山期岩浆活动最为强烈，华南板块在中生代出现了广泛发育的岩浆岩，并伴随大规模的成矿事件。华南板块具有世界上超过50％的W、Sb的储量以及20％的Sn储量，它的Nb、Ta、Cu、U和重稀土储量都是全国第一（Mao et al.，2006；Peng et al.，2006；Xie et al.，2009；Sun et al.，2012；Wang et al.，2012），研究发现这些矿床的成矿年龄都属于中生代并与岩浆活动有关，这种成因联系以及造成岩浆活动规律分布的动力学机制和大地构造环境一直是国内外科学家研究的热点。

华南板块火成岩的出露面积将近240000 km²，其中90％形成于中生代（Zhou and Li，2000；Zhou et al.，2006；Guo et al.，2011）。早中生代（251～205 Ma）的岩浆岩主要以小型的侵入岩体为主，整个出露面积在14300 km²左右（Zhou et al.，2006）。晚中生代火成岩宽600 km平行东南沿海布展，火山岩仅分布在此火成岩带的东部，西侧边界距海岸线约450 km，基本缺失火山岩（Zhou and Li，2000）。华南的火成岩形成时间可分为早燕山期（180～140 Ma）和晚燕山期（140～97 Ma），晚中生代火成岩从整体上看，主要由花岗岩和流纹岩组成，它们的分布面积占火成岩总面积的95％以上，辉长岩、玄武岩类很少，闪长岩、安山岩类更少（Zhou et al.，2006）（图1-1）。大规模的晚中生代火成岩主要发生在侏罗纪（180～

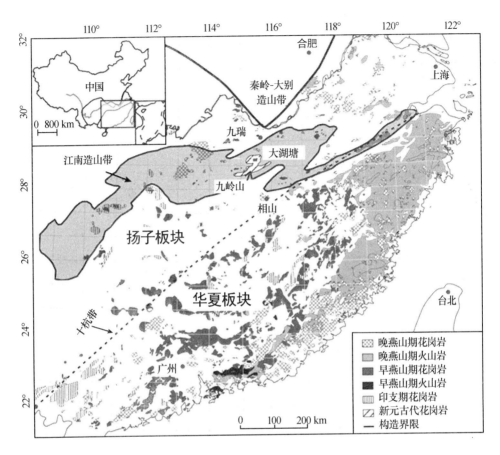

图 1-1 华南中生代花岗岩分布图

(据 Zhou *et al*.,2006 年修改)

150 Ma)的南岭地区,以 S-型和 I-型花岗岩为主(Zhu *et al*.,2008;Feng *et al*.,2012;Chen *et al*.,2013),长江中下游地区的火成岩年龄集中在 145~125 Ma,以 I-型花岗岩为主,发现了大量与斑岩 Cu-Au 矿有关的埃达克岩(Li *et al*.,2010;陈志洪等,2011;Yang *et al*.,2011;Wu *et al*.,2012)。湘桂粤带火成岩年龄为 163~150 Ma,以 S-型花岗岩为主(Li *et al*.,2004;Jiang *et al*.,2006;Xie *et al*.,2009),赣杭带火成岩以 A-型花岗岩为主,形成年代在 137~122 Ma(Jiang *et al*.,2011;Yang *et al*.,2012),沿海带的火成岩的年代集中于 110~90 Ma,以 A-型花岗岩为主(Zhou *et al*.,2006;He and Xu,2012;Li *et al*.,2014)。据周洁(2013)对介于长江中下游与赣杭带之间的江南造山带东段的研究表明,该地区花岗岩属于 S-型,成岩年龄集中在 140~147 Ma。

华南大多数的矿床对应岩浆岩的形成在侏罗纪和白垩纪成矿（Hua et al.，2005，2007；Mao et al.，2007；Sun et al.，2012），主要分布于：南岭地区的 W-Sn，Nb-Ta，HREE 矿床（Chen et al.，1992；Hua et al.，2005b；Mao et al.，2007；Hu et al.，2009；Guo et al.，2011b），长江中下游的 Cu 多金属矿床及 Fe-Cu-Au 矿床（Pan and Dong，1999；Sun et al.，2003；Mao et al.，2006；Deng et al.，2011；Yang and Lee，2011），湘桂粤的 Sb 矿带（Wu，1993；Peng et al.，2003；Yang et al.，2003，2006），赣杭带主要产出 U 矿及 Cu-Au 矿床（Hu et al.，2009；Yang et al.，2013）。近年来发现江南造山带中部到东部出现大量的 W-Sn-Mo 矿床，其中包含了目前世界最大钨矿——大湖塘钨多金属矿床（黄兰椿和蒋少涌，2012；Mao et al.，2013），除此外还有香炉山（田邦生和袁步云，2008）、阳储岭（Zhang，1982；Li et al.，1986）、码头（Zhu et al.，2013）、鸡头山（Song et al.，2012）、朱溪（陈国华等，2012）、东源（Qin et al.，2010）、百丈岩（Song et al.，2013）等十多个钨矿床。

毛景文等（2004）认为华南中生代大规模成矿作用主要发生在 170～150 Ma，140～125 Ma，110～80 Ma 三个时间段。这三个时间段分别对应铜铅锌和钨矿化，以及钨锡矿化，锡金银铀矿化，140～125 Ma 为成矿相对集中的时间且是一个过渡性的阶段。华仁民等（2005）提出华南地区三次大规模的成矿作用发生在燕山期，分别为燕山早期（180～170 Ma）赣东北和湘东南的 Cu、Pb、Zn（Au）矿化，燕山中期（150～139 Ma）南岭及相邻地区以 W、Sn、Nb、Ta 等有色稀有金属矿化，燕山晚期（125～98 Ma）南岭地区 Sn、U 矿化和东南沿海地带的 Au-Cu-Pb-Zn-Ag 矿化为代表的成矿作用。李晓峰等（2008）则认为华南铜矿床的形成时间在 180～170 Ma、160～150 Ma 以及 105～90 Ma，钨矿床形成时间在 170～130 Ma，锡矿床则发育在 170～150 Ma、130～110 Ma 以及 100～90 Ma 三个时间段。由此可见，华南的成矿作用集于燕山期主要分为三个阶段，与岩浆活动的时间吻合以及成矿作用的空间分带特征均表明，中生代岩浆岩的侵入直接或间接地为华南热液矿床的形成提供了成矿能量，甚至是物质来源。

华南地区与中生代花岗岩有关的矿床可以划分为以下类型（华仁民等，2003）：①与钙碱性火山-侵入岩浆活动有关的"斑岩-浅成热液 Au-Cu 成矿"；②与陆壳改造型（S-型）花岗岩类有关的 W-Sn-Nb-Ta 稀有金属成矿；③与 A-型花岗岩类有关的 U 及 REE 成矿系统；④与板内高钾钙碱系列花岗闪长质岩石有关的铜铅锌成矿系统。华南地区最主要的是前两种花岗岩及其对应的矿床，代表了华南这两个不同成因系列的花岗岩类。上地壳来源的花岗岩形成于较为成熟的大陆地壳，所以又可以称为陆壳重熔型花岗岩类，它基本上与改造型、S-型、部分钛铁矿系列花

— 3 —

岗岩类相对应;下地壳来源,甚至混合了幔源物质的花岗岩则相似于同熔型、I-型和磁铁矿系列花岗岩类。磁铁矿系列的花岗岩常常伴随 Cu、Pb、Zn、Mo 的硫化物矿床,而钛铁矿系列的花岗岩易形成 W-Sn 的氧化物矿床(Ishihara,1977)。

华南地区燕山期成岩成矿的过程中,Cu-Au-Mo 矿床与磁铁矿系列的 I-型花岗岩有关,分布于长江中下游、赣杭带、东南沿海地区(Pan and Dong, 1999;Sun et al., 2003;Mao et al., 2006;Deng et al., 2011;Yang and Lee, 2011;Yang et al., 2013;Zhou et al., 2006;He and Xu, 2012;Li et al., 2014)。斑岩型铜矿床一般认为与岛弧有关的钙碱性岩浆或与邻近俯冲带的 I-型花岗岩岩浆有关(Robb, 2005)。在中国长江中下游的铜陵、沙溪以及江西的德兴斑岩、矽卡岩型铜矿大多与这类花岗岩有关或者是直接产出于其中(Wang et al., 2004;Hou et al., 2004;Wang et al., 2006a, b)。这类花岗岩一般具有高氧逸度,源区物质可能有俯冲洋壳的参与(Mungall, 2002)。孙卫东等(2010)认为俯冲的洋壳含有较高的 Cu 元素,洋壳的部分熔融提供了成岩成矿的源区物质,高氧逸度有利于 Cu 元素在熔体中的迁移与富集,对斑岩 Cu-Au-Mo 矿的形成起着主要的作用(Mungall, 2002)。

W-Sn-Mo 矿床则与钛铁矿系列的 S-型花岗岩有关(Breiter, 2012;Wei et al., 2012;Fogliata et al., b),主要位于南岭地区以及江南造山带的中到东部(He et al., 2010b;Zhang et al., 2011;丰成友等,2012;黄兰椿和蒋少涌,2013)。大量花岗岩 Nb 模式年龄和继承锆石 U-Pb 年龄分布表明晚中元古世到早古元古世(1.8~1.4 Ga)是华南陆壳的主要增生期,元古代为华南的主要基底(Ling et al., 1992;Li et al., 2009;Yu et al., 2010)。鄢明才和迟清华(1997)对我国东部泥质岩类元素的分析表明在整个中国东部,华南具有最高的 W、Sn、Sb、U 等成矿元素的丰度,且在各类泥质岩石中,富铝和碳质的泥质岩具有最高的 W、Sn、Be、Nb、Ta 和 REE 含量。华南褶皱带和扬子地台东部元古代基底中的 W、Sn、Be、Bi、U、Au、Sb、As 和 Hg 等元素的丰度共同增高,Li、Rb、Cs、F、Nb、Ta 和 REE 等典型花岗岩成矿元素在华南褶皱带基底地层中也具最高的平均含量(马东升,2008)。华南寒武纪基底很可能是发育成矿元素的含矿建造。马东升(2008)认为变质基底的这种高丰度元素组合不但与华南高温热液矿床和含钨花岗岩的特征吻合,也与华南中-低温热液矿床的元素组合雷同,表明热液成矿作用与花岗岩成岩作用的地球化学特征对前寒武纪基底有系统的物质继承性。而且,钛铁矿系列的 S-型花岗岩具有较低氧逸度,有利于 W、Sn 元素的迁移与富集(Ertel et al., 1996)。

除了以上与 S-型花岗岩和 I-型花岗岩有关的矿床外,赣杭带出露 A-型花岗岩及 U 矿成矿带颇受瞩目。华南地区中生代 A-型花岗岩主要分布于赣杭带和沿海等地,如定南的寨背岩体(陈培荣等,1998)、龙南的陂头岩体(范春方和陈培荣,2000)、佛冈的恶鸡脑岩体(包志伟等,2000)等。赣杭构造带沿线分布着一系列火山盆地,这些火山盆地中产有火山岩型铀矿(Fayek et al.,2011),其中的相山盆地还具有我国最大的火山岩型铀矿。U 元素通常和 Th、Zr、Ti、Nb、Ta 以及 REE 相关(Cuney,2009,2010),体现在高分异的岩浆岩中,铀矿的形成与 A-型花岗岩有关系,形成于地壳拉张的构造背景中(Lin et al.,2006;Jiang et al.,b;Hu et al.,2008,2009)。赣南地区还存在双峰式火山岩,其中的酸性端员流纹岩和 A-型花岗岩一样具有板内花岗质岩石的地球化学特征,可称为 A-型火山岩,赣南双峰式火山岩与铀矿化关系密切,赣南地区出露准铝质的 A-型花岗岩与稀土矿化的关系比较密切,这些岩体一般富含 REE,平均在 500 ppm 以上(1 ppm＝1 mg/kg,后同),往往能形成大规模的风化淋积型稀土矿床(陈培荣等,2000)。

板内高钾钙碱系列岩石与铜铅锌多金属成矿作用关系密切,位于十杭带西段上有水口山、宝山、黄沙坪、铜山岭等重要的多金属矿床(刘阳生等,2003)。湘南地区花岗闪长斑岩具有高 $\varepsilon_{Nd}(t)$、低 t_{DM}^C 的特征(王岳军等,2001b),且锆石 U-Pb 定年测定湘南花岗闪长岩的年龄在 175 Ma(王岳军等,2001a)。根据湘南与德兴花岗闪长岩的微量元素和同位素地球化学特征,认为它们属板内钾质岩石,其成因与该地区在中生代岩石圈伸展-减薄背景下,软流圈上涌导致幔源岩浆底侵,与中下地壳物质混合后发生部分熔融有关,且成矿作用主要以铜、铅、锌为主,金、银相对较少(Liu et al.,2012;Hou et al.,2013;Li et al.,b)。

1.1.2 华南燕山期构造演化研究进展

华南在中生代位于濒临西太平洋的俯冲带,在晚中生代发生了一系列的岩浆活动,产出大量的火山岩以及与华南花岗岩-火山岩关系密切的热液金属矿床(Zhou and Li,2000;Zhao et al.,2005;Mao et al.,2006;Hu et al.,2008;Sun et al.,2012;Li et al.,2013a)。断裂构造主要表现为东西向构造受到北北东向构造叠加,花岗岩与火山岩具幕式多期次产出的特点(Zhou and Li,2000;Zhou et al.,2006)。华南地质的特殊性和复杂性,使得研究最为详细的华南中生代构造-岩浆作用的动力学背景和模式的认识也仍有诸多的分歧。

诸多构造模式用于解释华南中生代的大规模的成岩成矿:①活动大陆边缘构造岩浆模式,古太平洋板块中生代对华南进行北西向的俯冲(Jahn et al.,1990;Zhou and Li,2000;Li and Li,2007;Li et al.,2012),或是斜俯冲(Wang et al.,2011)以及北西向俯冲之后接着南西向的俯冲(Sun et al.,2007,2010);②华南内部洋盆的闭合导致的板内岩石圈俯冲模式(Hsü *et al.*，1990)；③后碰撞的拉伸模式(Chen *et al.*，2008)；④中生代地幔柱模式(Deng *et al.*，2004)；⑤陆内的裂谷与拉伸模式(Gilder *et al.*，1991；Wang *et al.*，2003，2005；Liu *et al.*，2012b)。Wang *et al.*(2008)赞同陆内裂谷模式，认为中生代的华南板块处于活动的裂谷环境，加厚岩石圈地幔的拆沉导致了软流圈的上涌，华南中生代的成岩成矿与太平洋俯冲无关。Ren *et al.*(2002)认为晚中生代华南板块及其邻近地区存在广泛的拉伸，地壳减薄及高的古地热证实了软流圈的上涌，可能是印度-欧亚板块以及太平洋-欧亚板块聚合速率的改变造成了北西—南东方向的拉张应力场使得华南板块普遍陆内裂张。

　　虽然有众多观点，但目前大多数学者仍沿用活动大陆边缘构造-岩浆作用模式。这些模式在不断探索下得到改进，但对俯冲作用控制华南花岗岩-火山岩形成的起始时间、俯冲角度、俯冲方向，俯冲折返的时间和方式仍有争议。

　　俯冲方向可以把构造模式大致分为北西向以及西南向的俯冲模式。Zhou and Li(2000)提出从 $180\sim80$ Ma 古太平洋板块西北方向低角度俯冲到华南板块之下，之后俯冲角度逐渐变大，不同程度的地幔熔融和玄武岩浆的底侵提供了中下地壳部分熔融所需的热量，产生大量花岗岩、火山岩和相关矿床。Zhou *et al.*(2006)进一步提出华南地区早中生代经历了从挤压的特提斯构造域转换到晚中生代由古太平俯冲引起的广泛拉张的构造背景，燕山期(J2-K1)的花岗岩-火成岩都形成在拉张的弧后盆地中，早燕山期(J2-J3)的花岗岩-火成岩主要分布在华南板块的内部，具有裂谷型板内岩浆活动的性质，晚燕山期(K1)岩浆岩则具有活动大陆边缘岩浆活动的性质。岩石圈减薄和地幔上涌是燕山期岩浆活动的主要驱动机制。同期大量的高钾钙碱性岩石形成于弧后盆地与后碰撞拉伸的构造环境中。Li *et al.*(2007)提出西北向的平板俯冲的模式解释华南中生大规模代成岩成矿，认为弧后俯冲区域达到 1300 km，俯冲时间位于 $250\sim190$ Ma，随后 190 Ma 板片断裂拆沉，进入非造山构造环境，150 Ma 之后太平洋板片开始折返。华南 A-型花岗岩和板内玄武岩浆的活动时间为 $140\sim90$ Ma (Li，2000)，指示了这个区域伸展的环境。Li *et al.*(2007)认为华南侏罗纪的火成岩形成于非造山的岩浆活动中，是早中生代太平洋板块平板俯冲到华南板块之下后断裂拆沉导致。Li *et al.*(2013)认为华南在侏罗纪到白垩纪受到了 Izanagi 板块俯冲和折返的影响，侏罗纪 Izanagi 板块向西北方向俯冲，在 140 Ma 之后折返导致华南在早白垩世拉张。Yang *et al.*(2011)认为晚中生代长江中下游的成岩成矿活动与太平洋板块从东南到西北俯冲到欧亚板块之下有密切的关系。

　　Sun *et al.*(2007)也认为中国东部从晚侏罗世到白垩纪都受到太平洋的影响，

但是太平洋板块的运动方向改变过多次,从 140 Ma 开始古太平洋板块向南运动,在 125~122 Ma 板块突然北西方向转动 80°,之后从 110~100 Ma,俯冲的方向转动 30°变为西南方向,在 100 Ma 时太平洋板块顺时针转向 75°,之后到了 50 Ma 时再逆时针转动 45°,此方向延续到现在。Ling *et al*.(2009)认为从晚侏罗世到白垩纪,中国东部受到南部太平洋板块与北部的 Izanagi 板块运动的影响,两个板块之间的洋中脊俯冲到长江中下游,伴随俯冲洋脊的板片窗打开。Wang *et al*.(2011)认为华南受到太平洋板块西南方向的斜俯冲,开始于 180 Ma(Zhou and Li 2000;Zhou *et al*. 2006),中国东部成为活动大陆边缘(Maruyama,1997;Scotese,2002),从 125 Ma 之后受到其东北方向折返的影响,火成岩的形成从西南到东北方向逐渐变年轻。

除了北西向以及西南向的俯冲模式以外,Wong *et al*.(2009)认为在华南地区晚中生代古太平洋板块运动的方向从西到东。Mao *et al*.(2013)结合成岩与成矿事件,认为侏罗纪的成矿事件 Izanagi 板块在 175 Ma 左右北东向斜俯冲于欧亚大陆之下有关,俯冲板块在 170~160 Ma 沿着北北东方向的钦杭带裂解,板片窗的俯冲导致南岭及周边地区软流圈地幔的上涌,在 150~135 Ma 华南板块处于构造平静时期,从 135 Ma 开始,Izanagi 板块的俯冲角度改变,从北东向俯冲变为平行于海岸线向东的俯冲运动,导致了大陆岩石圈的拉伸以及大规模北东向断裂。Shi and Li (2012)认为太平洋板块对华南俯冲,使华南在整个中生代的演化经历了造山运动、准平原,最后是伸展,在早白垩世结束时华南由活动大陆边缘转变为被动大陆边缘。

构造模式的提出促使许多学者进一步探讨地球内部的驱动力,以及对古太平洋板块对华南板块俯冲后折返的时间以及位置进行研究。He *et al*.(2010)认为早燕山期华南板块边缘受到古太平洋早期的俯冲,远场应力引起陆内的拉伸,使得华南内陆受到软流圈、岩石圈地幔和地壳的相互作用,且在早侏罗世已经完成了特提斯构造域向太平洋构造域的转换,早燕山期的岩浆活动受控于太平洋构造域。Li *et al*.(2014)提出向华南俯冲的太平洋板块在白垩纪断裂后折返,影响了整个晚燕山期华南构造岩浆演化作用,这个过程促使软流圈强烈快速地直线上涌到华南沿海地壳之下,相应地上覆岩石圈拉伸。Yang *et al*.(2012)认为太平洋板块的折返引起早白垩世赣杭带在 137 Ma 开始弧后拉张,以及地壳与岩石圈地幔的减薄,软流圈的上涌。Jiang *et al*.(2006)认为 180 Ma 到 160 Ma 华南是陆弧,从 160 Ma 开始华南西北的火成岩带由于太平洋板块的折返导致了弧后的拉张,引起岩石圈减薄和软流圈上涌。Jiang *et al*.(2011)认为赣杭带早白垩世(122~129 Ma)S-型和 A-型花岗岩的形成标志着该区弧后拉张的开始,地壳和岩石圈地幔逐渐拉张减薄以及地幔上涌,该区在早白垩世(105 Ma)弧后拉张的程度达到最大。Jiang *et al.*（2009）认为华南赣杭带在中侏罗世受到古太平洋板块的俯冲,而晚侏罗世开始赣杭带受到太平洋板块的折返开始弧内裂张。杨水源（2013）认为华南受到太平洋板块俯冲的影响,但太平洋板片的后撤在华南发生的时间并不是同时的或者连续的,十杭带南带在 163 Ma 左右发生太平洋由俯冲变为折返导致的拉张环境（Jiang *et al.* 2009）,赣杭带上太平洋板块的折返时间为 137 Ma,沿海带上太平洋板块的折返时间为 110 Ma,太平洋板块的后撤是不规则的,后撤过程是不连续的、阶段性的,最先发生在十杭带南,然后是赣杭构造带,最后是东南沿海。He and Xu（2012）认为晚燕山期华南从挤压的构造环境转换为拉张的构造环境,且在东南沿海地区太平洋板块的折返时间大约为 110 Ma。

1.1.3　华南钨矿的分布及研究进展

从世界范围看,钨矿主要分布在环太平洋广义的大陆边缘,形成时期主要是燕山期(徐克勤和程海,1987),大型的钨矿床集中在中国、俄罗斯和加拿大(马东升,2009)。在我国,钨矿大量分布于中国东部远离俯冲带的环太平洋广义的大陆边缘,并集中分布于东南部的南岭地区和江南地区。钨矿的成矿作用与花岗岩成岩关系密切,许多学者通过对野外岩石与矿脉的穿切关系、流体包裹体以及同位素的研究达成一个共识——岩浆是钨矿成矿物质的源区,钨以岩浆热液模式富集在矿床中 (Ishihara, 1977; Candela and Bouton, 1990; Linnen, 2005; Fogliata *et al.*, 2010; Maulana *et al.*, 2013)。且 W-Sn 矿化与演化程度较高的花岗岩有关,这种花岗岩通常情况是 S-型的花岗岩,也有少数 A-型花岗岩,都具有过碱性和过铝质的特征 (Srivastava and Sinha, 1997; Kempe and Wolf, 2006; Xie *et al.*, 2009)。有学者发现大多与钨锡矿形成有关的未蚀变的花岗岩本身也富含钨、锡元素,因此把富含钨、锡元素的花岗岩作为寻找钨锡矿的标志 (Villaseca *et al.*, 2012; Teixeira *et al.*, 2012; Fogliata *et al.*, 2012)。

南岭地区位于华夏陆块内部拥有柿竹园、瑶岗仙、西华山、大吉山、骑田岭等多个大型钨矿床,地质学家这些矿床及其伴生花岗岩进行了长期深入的研究(梅勇文,1987;张文兰等,2006;Zhu *et al.*, 2008;毛景文等,2008;Zhu *et al.*, 2009;肖剑等,2009),认为南岭地区的与钨矿形成有关的花岗岩具有相似的地球化学特征:SiO_2 含量高,平均为 75.19%;$CaO/(K_2O+Na_2O)$ 比值较低,平均为0.09;铝过饱和,高场强元素 $Zr+Nb+Ce+Y$ 含量较高,平均为 241×10^{-6};Rb/Sr比值较高,平均为 68.5;低 $Ba+Sr$ 和 TiO_2,REE 总量平均为 132×10^{-6},重稀土相对富集,LREE/HREE 比值明显偏低,平均为 1.34;Eu 亏损强烈,δEu 介于 0.01~

0.02,平均为0.06;稀土配分曲线呈"V"字形,富Y和Rb(刘家远,2005;陈骏等,2008;周洁,2013;Chen et al.,2013);其成岩时代主要为150~165 Ma,成矿时代集中在144~161 Ma(Peng et al.,2006;Zhu et al.,2008,2009;He et al.,2010a;Feng et al.,2012;Wei et al.,2012;Chen et al.,2013)。

近年来,在长江中下游与赣杭带之间的中到东段发现了大量的钨矿床,暂且称之为江南带,范围是长江中下游东南边缘与江南造山带中到东部地区(图1-1)。江南带的钨矿成矿时代及其伴生花岗岩的成岩年代都在早白垩世。池州百丈岩与钨矿伴生的辉钼矿Re-Os同位素定年结果为(134.1±2.2)Ma,与钨矿空间上有关的细粒花岗岩的锆石U-Pb定年结果是(133.3±1.3)Ma(Song et al.,2013);鸡头山钨钼矿床辉钼矿Re-Os同位素年龄为(136.6±1.5)Ma(Song et al.,2012),该地区两期侵入花岗岩岩体的年龄分别为138 Ma和127 Ma;码头与Cu-Mo-W矿相关的花岗闪长斑岩成岩年龄为(139.5±1.5)Ma(Zhu et al.,2013);丰成友等(2012)测得大湖塘石门寺段辉钼矿Re-Os等时线年龄是(143.7±1.2)Ma,狮尾洞矿段Re-Os年龄为(140.9±3.6)Ma,Mao et al.(2013)也得到了大湖塘辉钼矿Re-Os同位素年龄为138.4~143.8 Ma。这些年龄数据显示江南带的钨矿成岩成矿时代在130~145 Ma之间,且其伴生的花岗岩在时空上与其对应,都晚于南岭地区的与钨矿有关的成岩成矿作用。这个地区与钨矿形成有关的花岗岩的性质并不像南岭地区那么一致。例如:位于长江中下游南缘的池州码头Cu-Mo-W,与成矿有关的花岗闪长斑岩SiO_2含量为61.85%~65.74%,K_2O含量为1.99%~3.74%,铝饱和指数A/CNK为0.91~0.96,具有准铝质性质(Zhu et al.,2013)。然而,皖南东源岩体SiO_2变化范围为66.50%~70.33%,具有较高K_2O含量(3.71%~5.56%),铝饱和指数A/CNK为1.02~1.23,具有过铝质的性质(翔周等,2010)。

大湖塘钨多金属矿床是目前发现的世界最大钨矿床,位于赣西北部地区江南造山带的九岭山(图1-1),它在1957年因重矿物勘探被江西地质局首次发现,接下来在1958年、1966年、1979年和1984年的勘探中发现少量的钨矿床。2010年进行了详细的勘查工作发现钨矿储量超过$1.1×10^6$ t(Mao et al.,2013)。区内燕山期花岗岩具有岩性多样、多期次侵入的特点,由于缺乏年代学测定或者已有的测定结果存在争议,对该套燕山期杂岩体至今还未能建立起较为系统的构造岩浆年代学格架,关于区内燕山期岩浆活动的开始时间也存在争议。针对本区花岗杂岩体的岩石学成因、成矿作用以及年代学的研究还未有报道,因此,本书对大湖塘地区花岗杂岩体开展了详细的锆石U-Pb定年工作、全岩主微量元素、Sr-Nd同位素、锆石Hf同位素组成的研究工作,探讨花岗杂岩体的成岩年龄、岩石成因、物质来源及钨在花岗岩浆中的富集过程,初步分析花岗杂岩体与本区钨矿的形成关系。

1.2 研究思路及内容

本书主要研究以江南造山带大湖塘地区燕山期多期次侵入的花岗岩杂岩体以及钨多金属石英矿脉作为研究对象,进行了较为详细的野外地质调查以及采用岩相学、LA-ICP-MS 锆石 U-Pb 年代学、元素地球化学、全岩 Sr-Nd 同位素组成、钾长石 Pb 同位素组成以及锆石的原位 LA-MC-ICP-MS Lu-Hf 同位素组成、矿物的 EMPA 元素组成以及金属硫化物 S-Pb 同位素组成、白钨矿 Sm-Nd 等时线测年等分析手段,对岩浆岩的形成时代、物质来源和成因机制,以及成矿物质形成时代、来源与花岗岩岩浆的关系进行了深入的研究,同时结合前人和本研究的成果,探讨了这些岩浆岩形成的构造背景和深部动力学过程。

野外地质考察是在全面收集研究区前人研究资料的基础上,对大湖塘花岗杂岩体和相关矿区进行系统的野外地质观察和样品采集工作。岩相学观察是通过显微镜下详细观察了所采集的花岗岩的结构、矿物组成、岩石的蚀变程度等,并在此基础上选取代表性的样品进行进一步的研究工作。年代学研究是由于花岗岩中有大量的岩浆结晶锆石,锆石 U-Pb 同位素体系的封闭温度非常接近于岩浆的固相线温度,因此锆石 U-Pb 法通常能给出岩体的形成年龄。LA-ICP-MS 等原位分析技术是锆石原位 U-Pb 定年准确获得岩浆岩形成时代的重要研究手段,因此,本书利用锆石原位 U-Pb 定年精确地对各种岩性的形成时代进行系统的研究。针对元素地球化学和 Sr-Nd-Hf 同位素研究,岩浆岩的元素地球化学特征可以指示岩浆演化过程,也可用于示踪物质来源。单矿物的元素组成研究是利用电子探针分析矿物的化学组成,研究矿物的成因从而探讨岩浆演化过程。同时,金属硫化物的 S-Pb 同位素组成用于探讨成矿物质的来源以及与花岗岩的关系,而白钨矿的 Sm-Nd 等时线测年直接可以确定成矿年代。

本书主要工作量见表 1-1。

表 1-1　本研究工作量

项目		数量	完成者或单位
野外工作	野外考察	1 次	黄兰椿、蒋少涌、李斌、朱志勇、晏雄
	样品采集	180 件	
室内处理	薄片	80 片	诚信地质服务公司
	电子探针片	50 片	
	全岩碎粉末样	25 个	
	单矿物分选	45 个	
	制备锆石靶	6 个	黄兰椿、马亮

续表 1-1

项目		数量	完成者或单位
分析测试工作	显微镜拍照	约 500 张	黄兰椿
	锆石阴极发光拍照	56	北京锆年领航公司
	锆石 U-Pb 定年	118 点	黄兰椿
	全岩主量元素测试	25 件	黄兰椿
	全岩微量元素测试	25 件	黄兰椿
	全岩 Sr 同位素测试	25 件	黄兰椿
	全岩 Nd 同位素测试	25 件	黄兰椿
	锆石原位 Hf 同位素测试	118 点	黄兰椿
	单矿物电子探针分析	73 点	黄兰椿
	长石 Pb 同位素分析	13 个	黄兰椿,徐斌
	金属硫化物 Pb 同位素分析	22 个	黄兰椿,李斌
	金属硫化物 S 同位素分析	32 个	中国地质科学院矿产资源研究所
	白钨矿 Sm-Nd 同位素分析	3 个	黄兰椿

第 2 章　区域地质特征

2.1　区域构造背景

江南造山带是东起浙东、西迄桂北,沿东北方向延伸 1500 km 的弧形带状山链,位处扬子地块东南缘紧邻华夏地块(图 1-1)。该区域断续出露的蛇绿岩碎块群、钙碱性火山岩系、岛弧型复理石、S 型花岗岩(舒良树等,1995)。该地质单元曾被命名为"江南古陆""江南地轴"(黄汲清,1959,1960)、"江南地背斜"(周新民和王德滋,1988;兰玉琦和叶瑛,1991)、"湘赣浙缝合带"(许靖华等,1987)。20 世纪 60 年代初,郭令智等提出此为江南古岛弧构造的观点,70～80 年代进一步认为该区域为一套元古代"沟-弧-盆"体系,系统阐明了华南洋壳自北(北西)向扬子大陆板块东南边缘俯冲,形成江南元古代沟弧盆系的观点(郭令智等,1996)。80 年代中期因华南板块运动的方向、性质、板块构造格架和碰撞造山模式成为国际地质界争论的热点,"江南造山带"的概念被提出(舒良树等,1995)。但是,由于江南基底时代老、变形强,经历多期地壳运动叠加,构造极其复杂,故在诸如造山时代、动力学原因、构造演化模式上,分歧较大。朱夏(1980)认为该构造带是一个在硅铝层上大陆岩石圈内部印支期拆离形成的推覆体,许靖华等(1987)认为江南造山带是印支期扬子与华夏两大构造单元之间的碰撞推覆带;丘元禧(1998)提出雪峰山地区的江南隆起主要是加里东期以来多期次陆内造山带。据近期研究,诸多学者认为该造山带是扬子与华夏地块在新元古世碰撞缝合的产物(晋宁运动或四堡运动)(Li et al., 2007;Wang et al., 2013;Zhang et al., 2013),但碰撞的时间还是备受争议的。

江南造山带主要是由前寒武地层与火成岩组成。前寒武地层是由两套不整合的浅变质基底组成,这两套地层记录了扬子东南缘的晋宁造山运动(Wang and Li,2003)。不整合之上的新元古世地层在江西称为登山群,湖南称为板溪群,广西称为丹洲群,主要是由砂岩、板岩、砾岩、碳酸盐、细碧岩和火山碎屑岩组成。板溪群或登山群低角度地覆盖在扬子地块的古老基底上面,反映了该地区此时处于一个拉伸的构造环境中(Wang and Li,2003)。且地层中的铁镁质的火山侵入岩也同样显示了后碰撞拉伸的环境(Wang et al., 2008)。不整合之下的基底,在江西称为双桥山群(相当于广西的四堡群和湖南的冷家溪群),主要由绿碧岩、粉砂岩、泥质粉砂岩、板岩、千枚岩和铁镁质-超铁镁质火山岩(如拉斑玄武岩、枕状细碧岩和火山碎屑岩)组成,普遍具有复理石浊积岩的沉积特征(Wang et al., 2007)。基底地层被新元古世的过铝质花岗岩侵入。江南造山带于晋宁运动形成,接下来受到加里东运动影响,志留系代表了一套海退序列,于晚志留世该区出现巨厚的磨拉石盆地。在泥盆纪,江南隆起隆升为陆,缺失沉积并造成剥蚀。从石炭纪开始,江南隆起地区与周边一样,再次接受海侵,直至中三叠世,该区总体上呈现为浅水碳酸盐岩台地(朱光和刘国生,2000)。中三叠世末的印支运动,使江南隆起与北部下扬子地区和南部华南板块一样全面海退,从此结束了区内海盆演化史。受印支运动影响,晚三叠—中侏罗世,江南陆内造山带上出现了以含煤碎屑岩为特征的山间盆地——休宁盆地。盆地中角度不整合于下伏岩系之上的上三叠统为安源组,其上角度不整合下侏罗统月潭组,随后为中侏罗统洪琴组。这套山间盆地堆积是在挤压构造背景下出现。进入燕山期(晚侏罗—早白垩世),中国东部由前期受控制于南、北板块聚合的特提斯构造域转入受控于太平洋板块的滨太平洋构造域,伴随着一系列北北东向左行平移断裂系的产生,出现了大规模的、中酸性为主的岩浆侵入与成矿作用(Zhou and Li,2000;Zhou et al.,2006),本研究区大湖塘钨多金属矿床就在此时的成岩成矿大爆发中产生(Mao et al.,2013)。晚白垩世至第三纪,中国东部由于区域性伸展而出现了大量的陆相伸展盆地。这一阶段的江南隆起总体上处于相对隆起,但其上局部也发育了上白垩统红层堆积的伸展盆地——休宁盆地、祁门盆地、绩溪盆地。江南造山带上这些逆冲-推覆构造使基底变质岩系强烈叠置、上冲,至于局部影响晚侏罗世火山岩或晚白垩世红层的逆冲构造,是区域上晚侏罗—早白垩世走滑挤压或新第三纪以来近东西向挤压的结果,为进入滨太平洋构造域的产物。

2.2　研究区地质背景

江西省大湖塘钨(钼、铜、锡)矿集区位于江南造山带中段,九岭山脉中段北部之武宁、修水、靖安三县交界区域,面积约 750 km²。本区地处扬子古板块东南缘,隶属Ⅱ级构造单元江南地块之九岭—障公山隆起西段,南邻萍—乐坳陷,北为修水—武宁滑覆拗褶带,东邻鄱阳湖坳陷(图 2-1)。区域构造位于赣北东西向构造带的九岭—官帽山复式背斜与武宁—宜丰北北东向走滑冲断-伸展构造的复合部位,属九岭北北东向钨钼铜多金属成矿带的中部(林黎等,2006)。

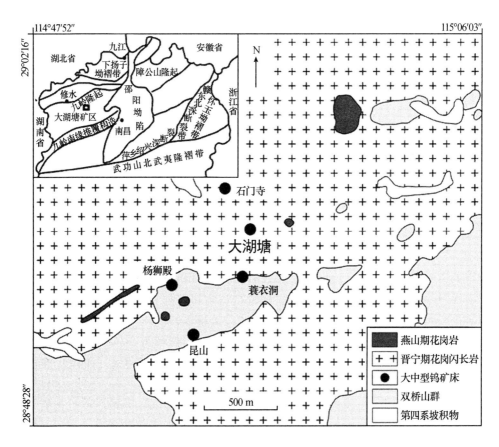

图 2-1　江西北部大湖塘钨矿区地质简图

（据曹钟清，2011 年修改）

2.2.1　地层

　　区域地层为元古代双桥山群浅变质岩，为一套断陷环境形成的深海火山—碎屑岩沉积建造。岩性以变余云母细砂岩为主，其次为千枚状页岩、板岩，呈厚层状，走向北东东，倾向南南东，倾角 60°～80°，含钨丰度 9.13×10^{-6}，是成矿的主要围岩。双桥山群从老到新可分为下九岭群、上九岭群、修水群和落可群，均呈近东西走向稳定延伸。下九岭群沿九岭山北缘的修水、武宁、景德镇、婺源、祁门等地大面积出露，为一套陆源碎屑岩、泥沙质复理石和黑色碳质岩建造，富含浑圆状石英矿物，均已板岩千枚岩化，部分地段见薄层辉绿斑岩。该群之上的上九岭群，主要分布于九岭山南北二麓，为火山岩系。九岭南麓以强烈剪切破碎的蛇纹岩、辉石角闪石岩、玄武岩和辉绿斑岩等碎块为标志。修水群为浅海相泥沙质复理石、沉积火山碎屑岩夹薄层玄武岩层,呈带状沿修水、彭泽、万年等地分布。落可群为陆相紫红色凝灰质角砾岩、凝灰质沙砾岩夹流纹岩组合,厚 200～800 m,零星分布于武宁、彭泽等地。

2.2.2 构造与岩浆活动

区内大范围出露新元古世(晋宁期)中粗粒黑云母花岗岩与晚侏罗—早白垩(燕山期)花岗岩。前者属九岭黑云母花岗岩基一部分,岩浆岩侵入于前震旦系双桥山浅变质的砂页岩中。局部呈薄盖层分布于矿集区的中部,成为含矿围岩或盖层。岩石呈深灰色,风化后呈灰黄—灰白色,中粗粒花岗结构,块状构造,主要矿物成分由斜长石、石英、黑云母组成,主要的副矿物为锆石、磷灰石、黑钨矿、白钨矿等。黑云母有二个世代,早世代形成的黑云母呈假六方柱片状集合体,自形程度好,晚世代为他形鳞片状,交代早世代黑云母,形成鳞片状集合体。岩石中普遍发育硅化、黑鳞云母化、绿泥石化等蚀变。燕山期花岗岩具多期次、多层次侵入特征,可大致分为晚侏罗世和早白垩世两个阶段,岩性为细粒二云母花岗岩、花岗斑岩、二云母花岗斑岩、花岗角砾岩、中细粒白云母花岗岩、细晶花岗岩、似斑状白云母花岗岩等,岩体呈小岩株,岩瘤、岩墙(脉)产出,局部还形成隐爆角砾筒。

晚侏罗世(燕山早期)岩性主要为中细粒黑云母花岗岩、二云母花岗岩、似斑状白云母花岗岩,岩体多呈岩株(瘤)、岩枝(脉)产出。在新安里北东出露的规模较大黑云母花岗岩体呈南北向椭圆形小岩株产出;大湖塘矿区二云母花岗岩岩瘤和东陡崖二云母花岗岩岩瘤范围也较大,地表出露面积分别为 0.2 km² 、0.5 km²,与晋宁期黑云母花岩接触面的标高在 1165～1512 m。其余多呈北东或南北向岩支(脉)分布,规模长一般一百米到几百米,宽几米到几十米。自岩株(瘤)由外向内,矿物的颗粒度由细到粗,可分为细粒黑(白)云母花岗岩→中细粒黑(白)云母花岗岩→似斑状黑(白)云母花岗岩,细粒黑(白)云母花岗岩内钨锡矿化较好,岩体内部的似斑状黑(白)云母花岗岩含矿差。

早白垩世(燕山晚期)侵入体岩性主要为中细粒白云母花岗岩,多呈岩墙(脉)产出,岩脉平面上分支复合、膨大缩小现象明显,近东西走向为主,少数呈北北东向,走向长度 500～1200 m,倾向北—北西西,倾角 65°～70°。局部地段由于岩浆在结晶、冷凝过程中,主体挥发组分聚集,压力增大,发生隐爆,形成隐爆角砾岩。花岗斑岩呈岩脉(墙)状,多呈北北东向或南北向延伸,岩脉厚几米至几十米,走向长几十米至几百米,倾向不定,倾角 60°～84°,具有明显的膨大缩小、分支复合现象,岩石中石英脉不发育。切割早期岩体或岩脉(墙),属矿集区最晚一期岩脉(墙)。

与花岗斑岩同期的花岗细晶岩脉,多呈细小岩脉产出,据其切割了含钨石英脉的特征,属成矿后产物,但其本身具有较好的钨矿化。

本次主要研究大湖塘地区的似斑状白云母花岗岩 G1,花岗斑岩 G2,中细粒白云母花岗岩 G3,二云母花岗斑岩 G4 和细粒二云母花岗岩 G5。图 2-2a,b 展示了

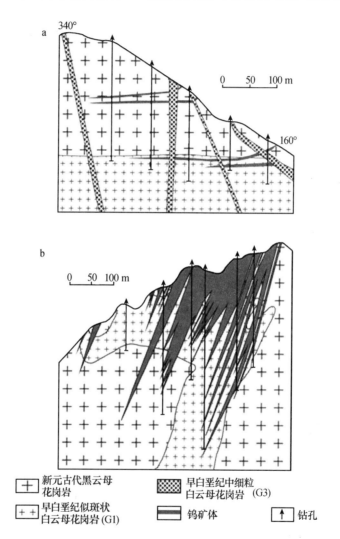

图 2-2 **a,b 分别为大湖塘钨矿地区勘探 8 线与勘探 5 线的地质剖面图,展示了矿体主要赋存在新元古世黑云母花岗岩中和早白垩世似斑状白云母花岗岩(G1)中。晚阶段的中细粒白云母花岗岩 G3 穿切钨矿体以及早阶段的白云母花岗岩 G1**

（a,b 据曹钟清,2011）

大湖塘钨矿地区勘探 8 线与勘探 5 线的地质剖面图,早阶段花岗岩 G1 呈现岩床和岩墙以南北向布展,100 m 到几百米不等,厚度为几米到几十米,侵入到新元古世花岗闪长岩岩基中,或是双桥山浅变质岩中。在晚阶段,花岗岩 G2～G5 呈岩株、岩脉等切穿了 G1 花岗岩以及新元古世花岗闪长岩岩基。但 G2～G5 的穿切关系并不清楚。花岗杂岩体和钨矿区的外围地区的花岗岩发育含肉粉色的钾长石斑晶,大小达到 2.5 cm×1.2 cm。矿脉在燕山期花岗岩的顶部,穿切花岗岩 G1,且被花岗岩 G3 穿切(图 2-2a,b)。

褶皱构造为近东西向九岭复式背斜的靖林—操兵场次级背斜东延部分,至襄衣洞被晋宁期花岗岩体所冲断;断裂构造主要为北东—北北东向、近东西(北东东)向,次为北西向、近南北向。区内北东—北北东向左行走滑冲断-伸展构造最为发育,延伸 2000 m 以上,走向 15°～45°倾向南东,倾角 60°～80°,早期以压扭性为主,晚期张性破碎强烈,该组断裂与近东西向断裂复合控制燕山期成矿岩体、岩脉或矿脉(体)的分布,但后期又切割或错断岩脉或矿脉,证实断裂有多次活动的迹象,是控岩控矿主导构造。

2.2.3　成矿地质特征

大湖塘矿集区内已发现钨(锡、钼)矿床点 15 处,主要矿床有大湖塘钨矿、襄衣洞钨矿、茅公洞钨矿、新安里钨锡矿、东陡崖钨锡矿、石门寺钨钼矿、昆山钨钼矿、大河里钨钼矿等。矿床(点)总体呈北东—北北东向展布。矿床类型复杂,以细脉浸染型钨矿床、石英大脉型钨矿床、石英细脉带型钨钼矿床及蚀变花岗岩型钨锡矿床为主,其次有云英岩型锡钨矿床、隐爆角砾岩型钨矿床等。

区内矿床属与燕山期重融型花岗岩浆热液有关的钨锡钼铜成矿系列,矿体环绕燕山早期花岗岩株顶部及外接触带形成"多位一体"的钨(钼、锡、铜)矿床。工业矿物为黑钨矿、白钨矿、辉钼矿、黄铜矿、斑铜矿和锡石,多分布于石英大脉、石英细(网)脉及花岗岩体中,部分浸染于脉侧围岩中,形成脉状和"面型"或带状矿化。矿床类型有细脉浸染型、石英大脉型、蚀变花岗岩型、云英岩型、隐爆角砾岩型等(表 2-1)。现将各主要类型的矿床特征简述如下。

表 2-1　大湖塘地区矿床类型一览表

矿床类型	亚类型	规模	代表矿区
细脉浸染型矿床	细脉带型黑钨(钼、铜)矿	大型	大湖塘
	细脉浸染型白钨(黑钨)矿	大型	襄衣洞
	细脉带型钼(钨、铜)矿	大型	昆山(大河里)

续表 2-1

矿床类型	亚类型	规模	代表矿区
大脉型矿床	钨(钼、铜)矿	中小型	蓑衣洞、茅公洞、石门寺、大湖塘、新安里、昆山
蚀变花岗岩型矿床	云英岩型锡矿	小型	东陡崖
	岩体型钨锡(铜)矿	中、小型	东陡崖、石门寺
	岩脉型钨锡矿	中、小型	东陡崖
隐爆角砾岩型矿床	钨(锡、铍、铜)矿	小(中)型	西陡崖、狮子岩、石门寺

大湖塘矿区南陡崖—大岭山一带,矿化范围长 800 m,宽 500 m,已圈定钨矿体 18 个,占矿区资源储量的 95.5%。钨矿体主要赋存晋宁期黑云母花岗岩及燕山早期二云母花岗岩株的顶部。走向 298°～335°,倾向南西,倾角 60°～65°,延长 20～617 m,延深 29～601 m,最大厚度 166.7 m。在 1600 m 标高内矿体基本完整,1400～1500 m 标高是矿体的主要赋存部位,1400 m 标高以下,矿体分枝尖灭,在平面上矿体呈蟹状,矿体中心完整,向两端分枝变小;剖面上部(1400 m 标高以上)完整,向下分支尖灭呈梳状。矿体的分布范围基本一致。矿石矿物主要为黑钨矿,其次有白钨矿、辉钼矿、黄铜矿、斑铜矿、锡石、铜兰、辉铜矿等,脉石矿物主要有石英、长石,其次为电气石、绢云母、萤石、方解石等。矿石以细脉条带状构造和浸染状构造为主,结构有板状及叶片状结构、他形粒结构、溶蚀结构等。黑钨矿主要赋存在石英脉中,部分浸染于脉侧或脉间。围岩蚀变普遍,种类繁多,比较强的蚀变作用有云英岩化、黑鳞云母化、更钠长石化、白云母化、硅化及绢云母化,比较微弱但普遍的蚀变作用有绿泥石化、碳酸岩化。细脉浸染型矿体矿化较均匀,WO_3 品位 0.125%～0.178%,平均品位 0.165%,伴生有益组分 Cu 0.10%,Mo 0.04%,矿床规模大型。

第3章　分析测试方法

3.1　锆石 U-Pb 定年

岩石样品首先经过破碎,经浮选和电磁选等方法后,经淘洗、挑出单颗粒锆石。手工挑出晶形完好、透明度和色泽度好的锆石用环氧树脂固定于样品靶。样品靶表面经研磨抛光,直至锆石新鲜截面露出,对靶上锆石进行显微镜下透射光、反射光照相后,对锆石进行阴极发光(CL)分析,锆石 CL 实验是在北京锆年领航科技有限公司的实验室拍摄,根据阴极发光照射结果选择典型的岩浆锆石进行锆石 U-Pb 测年分析。锆石 U-Pb 定年主要运用 LA-ICP-MS 方法,分别在南京大学内生金属矿床成矿机制研究国家重点实验室和中国科学院地球化学研究所矿床地球化学国家重占实验室完成。

南京大学内生金属矿床成矿机制研究国家重点实验室 LA-ICP-MS 型号为 Agilent 7500a 型,激光剥蚀系统为 New Wave 公司生产的 UP213 固体激光剥蚀系统。质量分馏校正采用标样 GEMOC/GJ-1(608 Ma),每轮(RUN)测试约分析 15 个分析点,开始和结束前分别分析 GJ-1 标样 2～4 次,中间分析未知样品 10～12 次,其中包括 1 次已知年龄的锆石样品 Mud Tank (735 Ma)。测试过程中激光束斑的剥蚀孔径为 25 μm,剥蚀时间 60 s,背景扫描时间 40 s,激光脉冲重复频率 5 Hz,采集 ^{206}Pb、^{207}Pb、^{208}Pb、^{232}Th 和 ^{238}U 的计数来测定年龄。实验原理和详细的测试方法见 Jackson *et al.*,2004。ICP-MS 的分析数据通过即时分析软件 GLIT-TER(Van Achterbergh *et al.*,2001)计算获得同位素比值、年龄和误差。普通铅校正采用 Andersen(2002)的方法进行校正,结果用 Isoplot 程序(V.3.23)完成年龄计算和谐和图的绘制(Ludwig,2003)。

中国科学院地球化学研究所矿床地球化学国家重点实验室的 LA-ICP-MS 具有 193 nm ArF 准分子激光剥蚀系统,由德国哥廷根 Lamda Physik 公司制造,型号为 GeoLasPro。电感耦合等离子体质谱(ICP-MS)由日本东京安捷伦公司制造,型号为 Agilent 7700x。准分子激光发生器产生的深紫外光束经匀化光路聚焦于锆石表面,能量密度为 10 J/cm^2,束斑直径为 25 μm,频率为 5 Hz,共剥蚀 40 s,剥蚀气溶胶由氦气送入 ICP-MS 完成测试。测试过程中以标准锆石 91500 为外标,校正仪器质量歧视与元素分馏;以标准锆石 GJ-1 与 Plešovice 为盲样,检验 U-Pb 定年数据质量;以 NIST SRM 610 为外标,以 Si 为内标标定锆石中的 Pb 元素含量,以 Zr 为内标标定锆石中其余微量元素含量(Liu $et\ al.$,2010;Hu $et\ al.$,2011)。原始的测试数据经过 ICPMSDataCal 软件离线处理完成(Liu $et\ al.$,2010a,b)。

3.2 锆石 Lu-Hf 同位素组成分析

锆石的原位 Hf 同位素分析,在南京大学内生金属矿床成矿机制研究国家重点实验室运用 Neptune LA-MC-ICPMS 测定。详细的测试方法及数据的采集参考 Wu $et\ al.$(2006)。激光斑束根据锆石大小使用了剥蚀直径为 28 μm 的光束,频率为 6 Hz。实验过程采用 Ar 气作为剥蚀物载气,将剥蚀物从激光传送到 MC-ICP-MS。用 $^{176}Lu/^{175}Lu = 0.02658$ 和 $^{176}Yb/^{173}Yb = 0.796218$(Chu $et\ al.$,2002)进行同量异位干扰校正 ^{176}Lu 和 ^{176}Yb 对 ^{176}Hf 的干扰,计算测定样品的 $^{176}Lu/^{177}Hf$ 和 $^{176}Hf/^{177}Hf$ 的比值。锆石的 $\varepsilon_{Hf}(t)$ 值是根据每个分析点的锆石 U-Pb 年龄计算而得,相关的计算公式如下(下标 s 代表样品):

$$\varepsilon_{Hf}(t) = \{[(^{176}Hf/^{177}Hf)_s - (^{176}Lu/^{177}Hf)_s \times (e^{\lambda t} - 1)]/[(^{176}Hf/^{177}Hf)_{CHUR,0} - (^{176}Lu/^{177}Hf)_{CHUR} \times (e^{\lambda t} - 1)] - 1\} \times 10000;$$

$$t_{DM} = 1/\lambda \times \ln\{1 + [(^{176}Hf/^{177}Hf)_s - (^{176}Hf/^{177}Hf)_{DM}]/[(^{176}Lu/^{177}Hf)_s - (^{176}Lu/^{177}Hf)_{DM}]\};$$

$$t_{DM}{}^c = 1/\lambda \times \ln\{1 + [(^{176}Hf/^{177}Hf)_{s,t} - (^{176}Hf/^{177}Hf)_{DM,t}]/[(^{176}Lu/^{177}Hf)_{cc} - (^{176}Lu/^{177}Hf)_{DM}]\};$$

$$f_{Lu/Hf} = (^{176}Lu/^{177}Hf)_s/(^{176}Lu/^{177}Hf)_{CHUR} - 1.$$

计算过程中参数的参考值如下。

$(^{176}Lu/^{177}Hf)_{CHUR} = 0.0336$(Bouvier $et\ al.$,2008);

$(^{176}Hf/^{177}Hf)_{CHUR,0} = 0.282785$(Bouvier $et\ al.$,2008);

$(^{176}Lu/^{177}Hf)_{DM} = 0.0384$(Griffin $et\ al.$,2000);

$(^{176}Hf/^{177}Hf)_{DM} = 0.28325$(Griffin $et\ al.$,2000);

$\lambda = 1.867 \times 10^{-11}/$年(Söderlund $et\ al.$,2004);

$(^{176}Lu/^{177}Hf)_{cc} = 0.015$(Amelin $et\ al.$,1999)。

3.3　全岩岩石地球化学组成分析

首先将样品破碎、磨碎(＞200 目)、烘干制成分析样品。主量元素、微量元素均在南京大学内生金属矿床成矿机制研究国家重点实验室里面完成。其中主量元素的测定需把粉末样品熔融成玻璃运用 Thermo Scientific ARL 9900 XRF 完成，以 1∶22 的比例分别称量 0.5 g 样品及 11 g 四硼酸锂、偏硼酸锂混合助溶剂(49.75% $Li_2B_4O_7$－49.75% $LiBO_2$－0.5% LiBr)，充分混合后倒入干净的铂金坩埚中，将坩埚及模具放入熔炉中，在 1 050℃经熔融、摇匀、倾倒、冷却等过程后制备成均匀的玻璃片。本实验室利用 Thermo Scientific ARL 9900 型 X 射线荧光光谱仪对样品进行主量元素分析测试。对玻璃熔片的分析测试方法主要采用曲线法，烧失量通过手动输入并参与分析计算，测试电压电流通常为 40 kV，75 mA，每个元素扫描时间 20 s。根据标样(GSR-1 和 GSR-7)的测定值，相对误差在元素丰度＞1.0%时为±1%，元素丰度＜1.0%时为±10%，实验过程参考 Norrish and Hutton(1969)；微量元素分析，需 50 mg 的 200 目粉末样品用 HF 与 HNO_3 溶解在耐高温高压的特弗农罐子里，Rh 作为内标在测试过程中检测信号的漂移，运用 ICP-MS 测定(型号为 Finnigan Element Ⅱ)，根据标样的测定和重复测定，所有元素的测试精度优于 10%，详细的分析方法参考高剑峰等(2003)。

3.4　全岩 Sr-Nd 同位素组成分析

全岩 Sr-Nd 同位素组成在南京大学内生金属矿床成矿机制研究国家重点实验室运用 Neptune Plus MC-ICP-MS 测试完成，详细的分析方法参考濮巍等(2005)。把 50 mg 粉末样品用 HF 与 HNO_3 溶解在特弗农罐子里，选用 AG50W×8 阳离子交换树脂，并先后采用不同的淋洗剂进行分离提纯。首先用常规方法使用盐酸作为淋洗剂 Rb-Sr 和 REE 分开并与其他大部分元素分离，然后使用 DCTA 和嘧啶的混合溶液(D. P. E.)作为淋洗剂分离 Rb 和 Sr，使用 HIBA 作为淋洗剂在很小体积(0.6 mL)的阳离子交换树脂中分离 Sm 和 Nd。被分离的 Sr 和 Nd 分别溶解在 1 mL 的 3%～5% 的稀硝酸溶液中，在 MC-ICP-MS 上测试$^{87}Sr/^{86}Sr$ 和$^{143}Nd/^{144}Nd$值。测试过程采用$^{87}Sr/^{86}Sr=0.119\ 4$ 和$^{143}Nd/^{144}Nd=0.721\ 9$ 校正质量分馏。测试标样 NIST SRM-987 Sr 的$^{87}Sr/^{86}Sr$ 值为 $0.710\ 280\pm5$ (2σ)，标样 JNdi－1 Nd 的$^{143}Nd/^{144}Nd$ 值为 $0.512\ 086\pm4$ (2σ)。测试 Sm 和 Nd 的背景值为 5×10^{-11} g，Rb 和 Sr 的背景值为$(2\sim5)\times10^{-10}$ g。

样品的 I_{Sr}、$\varepsilon_{Nd}(t)$ 及 Nd 模式年龄的计算是根据每个岩性对应的锆石 U-Pb 年龄计算而得,相关的计算公式如下(其中下标 s 表示样品):

$$I_{Sr} = (^{87}Sr/^{86}Sr) - (^{87}Rb/^{86}Sr)_s \times (e^{\lambda t} - 1);$$

$$\varepsilon_{Nd}(t) = \{[(^{143}Nd/^{144}Nd)_s - (^{147}Sm/^{144}Nd)_s \times (e^{\lambda t} - 1)]/[(^{143}Nd/^{144}Nd)_{CHUR,0} - (^{147}Sm/^{144}Nd)_{CHUR,0} \times (e^{\lambda t} - 1)] - 1\} \times 10000;$$

$$t_{DM} = 1/\lambda_{Sm} \times \ln\{[(^{143}Nd/^{144}Nd)_s - (^{143}Nd/^{144}Nd)_{DM}]/[(^{147}Sm/^{144}Nd)_s - (^{147}Sm/^{144}Nd)_{DM}] + 1\};$$

$$t_{DM}{}^C = 1/\lambda_{Sm} \times \ln\{1 + [(^{143}Nd/^{144}Nd)_{s,t} - (^{143}Nd/^{144}Nd)_{DM,t}]/[(^{147}Sm/^{144}Nd)_{cc} - (^{147}Sm/^{144}Nd)_{DM}]\};$$

$$f_{Sm/Nd} = (^{147}Sm/^{144}Nd)_s/(^{147}Sm/^{144}Nd)_{CHUR} - 1.$$

计算过程需要的参数的参考值如下:

$\lambda_{Rb} = 1.393 \times 10^{-11}$/年(Nebel $et\ al.$,2011);

$\lambda_{Sm} = 6.54 \times 10^{-12}$/年(Lugmair and Marti,1978);

$(^{147}Sm/^{144}Nd)_{CHUR} = 0.1967$(Jacobsen and Wasserburg,1980);$(^{143}Nd/^{144}Nd)_{CHUR} = 0.512\ 638$(Goldstein $et\ al.$,1984);

$(^{143}Nd/^{144}Nd)_{DM} = 0.513151$(Liew and Hofmann,1988),

$(^{147}Sm/^{144}Nd)_{DM} = 0.2136$(Liew and Hofmann,1988);

$(^{143}Nd/^{144}Nd)_{CC} = 0.118$(Jahn and Condie,1995)。

3.5 矿物电子探针成分分析

矿物(包括黑云母、白云母、绿泥石)的化学成分分析和背散射电子像观察,在南京大学内生金属矿床成矿机制研究国家重点实验室和中国冶金地质总局山东局地质测试中心电子探针实验室完成。南京大学内生金属矿床成矿机制研究国家重点实验室利用 JEOL JXA 8100 电子探针完成岩石中矿物成分分析,加速电压 15 kV,加速电流 20 nA,束斑直径 $1\sim2~\mu m$,所有测试数据均进行了 ZAF 处理,元素的特征峰测量时间为 10 s,背景测量时间为 5 s。在进行黑云母、白云母、绿泥石的化学成分分析时,使用标样是天然矿物和人工合成的化合物,分析过程用了角闪石(Si, Na, Mg, Al, Ca, Ti),磷灰石(F),钡氯磷灰石(CL),铁橄榄石(Fe,Mn)和钾长石(K)。部分样品在中国冶金地质总局山东局地质测试中心电子探针实验室运用 JEOL JXA 8230 电子探针分析完成,加速电压 15 kV,加速电流 20 nA,束斑直径 $1\sim2~\mu m$,所有数据并未进行校正处理,均为原始测量值,元素的特征峰测量时间为 10 s,背景测量时间为 5 s。使用标样为钾长石(Na,Al)、金云母(F)、橄榄石(Mg)、透长石(K)、透辉石(Ca)、硬玉(Si)、蓝锥矿(Ba)、赤铁矿(Fe)、方钠石(Cl)、蔷薇辉石(Mn)、金红石(Ti)。

3.6　金属硫化物的硫同位素组成分析

黄铜矿、斑铜矿和辉钼矿样品的稳定硫同位素组成采用 Finnigan MAT 251 同位素比值质谱仪(isotope ratio mass spectrometer;IRMS)进行测定,实验过程在中国地质科学院矿产资源研究所稳定同位素地球化学研究实验室完成。样品研磨至黏土粒级(粒径<63 μm)粉末,将样品粉末与氧化铜(Cu_2O)粉末按照质量比例 1∶10 混合,1 100℃灼烧,收集产物二氧化硫(SO_2)。IRMS 型号为 Finnigan MAT 251。其中,将样品预处理产物二氧化硫导入 Finnigan MAT 251 质谱仪测定 $^{34}S/^{32}S$ 比值。质谱仪测定的 $^{34}S/^{32}S$ 比值最终换算为 V-CDT 标准下的 $\delta^{34}S$ 值,分析精度(1SD)为±0.2‰。质谱仪测定过程采用中国国家标准物质 GBW04414 和 GBW04415[硫化银(Ag_2S)粉末]作为外部标准样品,它们的硫同位素组成分别为 −0.07 ± 0.13‰和+22.15±0.14‰。

3.7　钾长石与金属硫化物的铅同位素组成分析

Pb 同位素分析时,钾长石称取约 50 mg,斑铜矿、黄铜矿和辉钼矿称取约 25 mg,钾长石样品中加入 HF 与浓 HNO_3,硫化物样品则溶解在 HNO_3 与 HCl 的混合溶液中,并放在 120℃ 电热板上溶样。硫化物样品与酸反应时较为剧烈并产生大量气体,要等待反应基本完全后,再将溶样罐加盖密封后继续放在电热板上以保证样品全部溶解,然后打开样品盖蒸干样品。加 1 mL HNO_3 溶解样品并再次蒸干,加入两次 0.3 mL 2 mol/L HBr 分别蒸干之后,再次溶解在 HNO_3＋HBr 的混合酸中,铅的分离与提纯采用传统的 AG1-X8(200～400 目)阴离子交换树脂柱方法,为保证铅与其他杂质元素的完全分离,我们将样品重复两次通过 50 μL 的阴离子交换树脂柱。将分离提纯出来的 Pb 加入 HCl 溶解,先草测一下溶液的 Pb 浓度,再加入相同浓度的 Tl,溶液在南京大学内生金属矿床成矿机制研究国家重点实验室的 Nu Plasma 多接收等离子质谱(MC-ICP-MS)上测试 Pb 同位素组成,用 $^{205}Tl/^{203}Tl$ 比值来对铅同位素进行质量分馏校正。测试过程中 Pb 同位素比值分析误差小于 0.2‰。测试结果通过 NBS981 国际标样来校正仪器的质量分馏,标样长期测定的统计结果为,$^{206}Pb/^{204}Pb$＝16.9386±0.0131 (2σ),$^{207}Pb/^{204}Pb$＝15.4968±

$0.0107(2\sigma)$，$^{208}Pb/^{204}Pb=36.7119\pm0.0331(2\sigma)$。

3.8 白钨矿的 Sm-Nd 同位素定年分析

称取 30 mg 的白钨矿做 Sm-Nd 同位素定年分析，实验在中国科学院地质与地球物理研究所超净实验室完成。把称好的样品添加稀释剂后，溶解于 2 mL 的 22 mol/L HF、1 mL 的 15mol/L HNO_3 和 0.2 mL $HClO_4$ 的聚四氟乙烯消解罐中，加上缸套后放置于 190℃的烘箱中溶解 5 d，然后取出消解罐放置在 150℃的电热板上蒸干，又加入 4 mL 的 6 mol/L HCl 再蒸干，消解罐中残留物加入 1 mL 的 2.5 mol/L HCl 后，加上缸套放在 150℃烘箱中 1 d。最后取出溶解的样品离心 10 min。取上清液过预调控好的 AG50W×12 柱子，从样品基质中分离 Sr 与 REE。用 0.5 mL 的 2.5 mol/L HCl 清洗柱子 4 次，然后用 8 mL 的 5 mol/L HCl 去除基质杂质元素。之后，Sr 可被 2 mL 的 5 mol/L HCl 淋滤分离，REE 可被 8 mL 的 6 mol/L HCl 分离。分离出的 REE 蒸干后，加入 0.2 mL 的 0.07 mol/L HCl，再置于预调控好的 Eichrom-LN 柱子进行分离。用 0.2 mL 的 0.07 mol/L HCl 清洗柱子 4 次，再用 35 mL 的 0.07 mol/L HCl 把 La、Ce 和 80% 的 Pr 淋滤出后，Nd 可用 12 mL 的 0.14 mol/L HCl 滤出收集，Sm 用 8 mL 的 0.4 mol/L HCl 滤出并收集。Sm、Nd 同位素比值于中国科学院地质与地球物理研究所的 TIMS（英国 Isotopx 公司）上分析完成。运用单钨丝与 TaF_5 作为离子激发剂，Nd 同位素比值以 NdO^+ 来测定。用 $^{143}Nd/^{144}Nd=0.7219$ 来校正质量分馏，在数据收集的过程中，标样 JNdi-1 Nd 的值是 $^{143}Nd/^{144}Nd=0.512117\pm10(2SD,n=8)$。白钨矿 Sm-Nd 同位素分析的详细分析过程参考 Chu *et al*.（2009，2012）。

第4章　大湖塘燕山期花岗岩的岩石学特征与年代学

4.1　样品及岩相学特征

位于地面之下的花岗岩样品受到的风化程度较小,因此,本研究的样品都采自大湖塘地区的矿井下以及钻孔中,共五种岩体 G1-似斑状二云母花岗岩,G2-花岗斑岩,G3-中细粒白云母花岗岩,G4-斑状二云母花岗岩,G5-细粒二云母花岗岩(表4-1),每个岩体的样品数量分别为 4、4、6、7 和 4 个,共 25 个花岗岩样品。观察手标本时未见任何风化迹象。在显微镜下观察,少量样品的局部出现了长石绢云母化和黑云母绿泥石化,绝大部分样品未蚀变(图 4-1)。花岗岩矿物学及岩相学的特征以及采样深度以及归纳在表 4-1 中,样品的采样位置简述如下。

表 4-1　大湖塘花岗岩 G1～G5 的岩石类型及岩石学特征

样品	样品代号	岩石类型	颜色	结构	矿物	采样深度（离地表距离）
zk0-26-1 至 zk0-26-3 81♯-12	G1	似斑状二云母花岗岩	灰白色	似斑状结构[斑晶大小为(0.2 cm×0.2 cm)～(0.7 cm×0.3 cm)] 基质具细粒的花岗结构	石英、钾长石、斜长石、白云母、少量黑云母	≤20 m,128 m 以及 524 m
zk8-3-11 zk8-3-13 至 zk8-3-15	G2	花岗斑岩	灰白色	斑状结构[斑晶大小为(0.2 cm×0.1 cm)～(0.7 cm×0.6 cm)] 基质为微晶结构	石英、钾长石、斜长石、白云母	315～322 m
zk108-2-1,zk108-2-2 zk108-2-4 zk11-5-25,zk11-5-27 zk11-2-12	G3	中细粒白云母花岗岩	灰白色	似斑状结构 基质为细粒花岗结构	石英、钾长石、斜长石、白云母、少量黑云母	248～341 m,314～315 m 以及 557 m

续表 4-1

样品	样品代号	岩石类型	颜色	结构	矿物	采样深度（离地表距离）
zk1-4 至 zk1-6 zk1-9 至 zk1-11 zk1-13	G4	斑状二云母花岗岩	浅灰色	斑状结构［斑晶大小为（0.3 cm×0.2 cm）～（0.9 cm×0.6 cm）］基质为细晶结构	石英、钾长石、斜长石、白云母、少量黑云母	726～893 m
81#-23 至 81#-26	G5	细粒二云母花岗岩	灰色	花岗结构	石英、钾长石、斜长石、白云母、少量黑云母	≤20 m

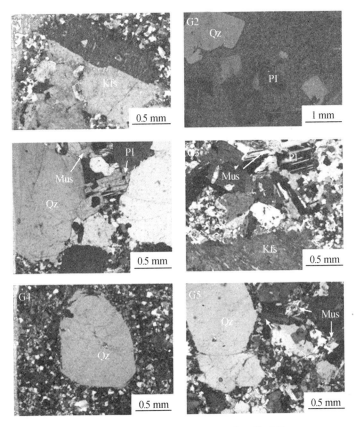

图 4-1　大湖塘花岗岩 G1～G5 的显微照片

Qz. 石英；Kfs. 钾长石；Mus. 白云母；Pl. 斜长石

　　G1 的样品(zk0-26-1 至 zk0-26-3)采自钻孔 zk0-26,采样深度分别为 128 m 和 524 m;G2 的样品(zk8-3-11,zk8-3-13 到 zk8-3-15)采自钻孔 zk8-3,采样深度为 315～322 m 都属于大湖塘矿区南部的狮尾洞地区。G3 的样品分别采自北部大岭上地区的钻孔 zk108(zk108-2-1,zk108-2-2,zk108-2-4)、钻孔 zk11-5(zk11-5-25,zk11-5-27,zk11-2-12)和南部狮尾洞的钻孔 zk11-2(zk11-2-12),采样深度为 248～557 m。所有的 G4 的样品都采自 zk1 钻孔,采样深度为 726～893 m,属于大湖塘南部的狮尾洞地区。样品 G1(81♯-12)与 G5(81♯-23 至 81♯-26)都采自北部的狮尾洞 81 矿井中,采样深度小于 20 m(表 4-1)。

　　这五种花岗岩的造岩矿物为石英(27%～35%)、钾长石(正长石)(14%～29%)、斜长石(20%～55%)和白云母(7%～12%)(图 4-1)。所有的长石不具环带特征。斑晶主要为石英、钾长石、斜长石。G1,G2 和 G4 的斑晶大小分别为 0.2 cm×0.2 cm 至 0.7 cm×0.3 cm、0.2 cm×0.1 cm 至 0.7 cm×0.6 cm 和 0.3 cm×0.2 cm 至 0.9 cm×0.6 cm。副矿物包含褐帘石、钛铁矿、磁铁矿、磷灰石、锆石、独居石、白钨矿和黑钨矿。除了 G2 所有的样品都含有少量黑云母。G1 与 G3 具有似斑状结构,G2 具有斑状结构,G4 与 G5 具有斑状结构和花岗结构。另外,这些花岗岩有些样品包含晶洞,代表着该岩体岩浆大量结晶分异以后侵入到地壳浅部。石英是晶洞的主要物质,其中还包含了少量的磷灰石和白钨矿。样品中没有发现堇青石,但大湖塘花岗岩 G1～G5 都具有斜长石和白云母的组合,缺失常常出现在碱性花岗岩中的铁镁质矿物钠铁闪石和钠闪石。

　　五种花岗岩 G1～G5 都发现存在原生的白钨矿与黑钨矿,具有不规则的形状,大小从 10 μm×5 μm 到 70 μm×30 μm 不等,存在于石英、钾长石及斜长石中(图 4-2b, c, d, f)。在图 4-2a 中,白钨矿与黑钨矿共生于 G1 的基质中;图 4-2e 中,花岗岩 G4 的白钨矿、萤石及黄铁矿共生在斜长石中。图 4-2 中,白钨矿与黑钨矿并未有蚀变现象或是细脉穿切岩体,而是直接生长在造岩矿物中,它们应该是直接从花岗岩岩浆中结晶而来,稍早或与造岩矿物同时形成。G1～G4 都具有高钨含量,最高达到了 355 ppm,虽然 G5 的钨含量在大约是 10 ppm,但仍然发现了原生的黑钨矿。Che et al.(2013)通过实验证实了黑钨矿能够作为岩浆矿物存在于岩石中。黑钨矿也被发现存在于 Variscan Erzgebirge 的 Li 云母花岗岩中(Förster et al.,1999),Podlesi 伟晶岩中(Breiter et al.,1997)以及 Ehrenfriedersdorf 的残留熔融包体中(Webster et al.,1997)。

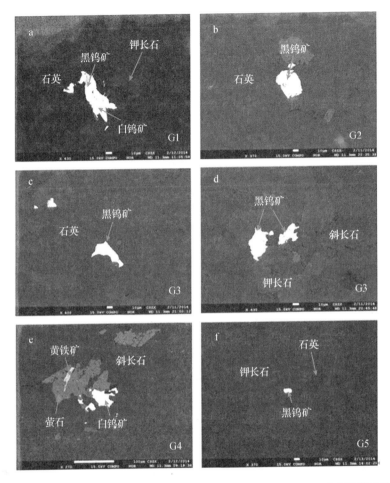

图 4-2　大湖塘五种花岗岩 G1～G5 的黑钨矿和白钨矿的电子探针背散射照片

4.2　年代学格架

九岭花岗岩体是我国华南一个规模巨大的复式岩基，是晋宁期和燕山期多期次岩浆侵入活动的产物。区内大面积出露晋宁期中粗粒黑云母花岗岩，并有部分中元古界双桥山群浅变质岩残留顶盖。燕山期花岗岩主要由中细粒二云母花岗岩、似斑状白云母花岗岩、中细粒白云母花岗岩、花岗斑岩、石英斑岩等。由于缺乏年代学测定或者已有的测定结果存在争议，对该套燕山期杂岩体至今还未能建立起较为系统的构造岩浆年代学格架，关于区内燕山期岩浆活动开始的时间也存在争议。江西省地质矿产局(1984)利用黑云母 K-Ar 法测得古阳寨北侧的黑云母花岗岩年龄值为 177 Ma,因此认为是燕山早期的产物。林黎等(2006a,b)认为大湖塘矿区燕山期岩浆岩的黑云母 K-Ar 同位素年龄在 134～149.9 Ma,并将燕山期岩浆活动划分为多个阶段,但是文中只是给出两个同位素年龄,缺乏详细的分析测试过程。钟玉芳等(2005)开展了锆石 SHRIMP U-Pb 年龄测定,得出九仙塘中细粒黑云母花岗岩的年龄为(151.4±2.4)Ma。然而,对区内的白云母花岗岩的年代学研究还未有报道。

　　江西武宁大湖塘钨矿床属于九岭成矿带西段,位于赣西北部地区,目前已探明钨金属储量 110 万 t,成为世界最大钨矿。大湖塘钨矿是多类型矿化紧密共生的岩浆-热液型钨矿床,成矿围岩主要由燕山期多次侵入的中细粒二云母花岗岩、白云母花岗岩以及花岗斑岩等杂岩体组成。前人对该地区的矿床地质特征和矿床成因方面研究较少,主要认为该矿床具有多期次的成矿特点。尽管大湖塘钨矿成矿与燕山期酸性浅成侵入岩体关系密切,但对这些侵入岩的年代学研究还很少,远不如对华南中生代其他钨锡矿床研究程度深(梅勇文,1987;肖剑等,2009;程彦博等,2010;Shu *et al*.,2011)。因此,本书进一步对与大湖塘钨矿成矿有关的燕山期花岗岩开展了详细的锆石 U-Pb 定年工作。

4.2.1　锆石 U-Pb 年代学分析结果

　　本研究采集了在大湖塘地区出露的五种空间上与矿体矿脉有关的花岗岩作了锆石的定年工作,分别是:似斑状白云母花岗岩(zk0-26-3)、花岗斑岩(zk8-3-14)、中细粒白云母花岗岩(zk11-5-27)、二云母花岗斑岩(zk1-4,zk1-11)及细粒二云母花岗岩(81♯-23)。为了确定定年工作的准确性,特针对二云母花岗斑岩的两个样品(zk1-4,zk1-11)分别作了定年。所有定年样品及测试方法见表 4-2。

表 4-2　大湖塘地区燕山期花岗岩的定年样品资料汇总

样号	样品名称	采样地点	测试方法	测试单位
zk0-26-3	似斑状白云母花岗岩(G1)	0-26 号钻孔,大湖塘南面,狮尾洞地区	LA-ICP-MS	地球化学研究所
zk8-3-14	花岗斑岩(G2)	8-3 号钻孔,大湖塘南面,狮尾洞地区	LA-ICP-MS	地球化学研究所
zk11-5-27	中细粒白云母花岗岩(G3)	11-5 号钻孔,大湖塘北面,大龄上地区	LA-ICP-MS	地球化学研究所

续表 4-2

样号	样品名称	采样地点	测试方法	测试单位
zk1-4	二云母花岗斑岩 (G4)	1-4 线钻孔,大湖塘南面,狮尾洞地区	LA-ICP-MS	地球化学研究所
zk1-11	二云母花岗斑岩 (G4)	1-11 线钻孔,大湖塘南面,狮尾洞地区	LA-ICP-MS	地球化学研究所
81#-23	细粒二云母花岗岩 (G5)	81 矿井,大湖塘北面,大岭上地区	LA-ICP-MS	南京大学

　　锆石定年的结果归纳总结于表 4-3 中,大湖塘花岗杂岩体的所有锆石数据列于表 4-4。虽然在表 4-4 中列出了不谐和的以及年龄相差较远的锆石数据,但本书统计的锆石加权平均年龄是谐和程度 95% 以上的 $^{206}Pb/^{238}U$ 年龄值。定年结果表明,各个样品所选取的测试占的分析结果在谐和图上组成密集的一簇(图 4-3)。

表 4-3　大湖塘地区燕山期花岗岩的锆石 U-Pb 定年结果汇总

样号	样品名称	测试方法	点数	U/($\times 10^{-6}$)	Th/($\times 10^{-6}$)	Th/U	年龄/Ma
zk0-26-3	似斑状白云母花岗岩(G1)	LA-ICP-MS	15	2661～22281 平均 8721	35～11692 平均 1607	0.01～1.41 平均 0.23	144.0±0.6
zk8-3-14	花岗斑岩 (G2)	LA-ICP-MS	8	2164～26781 平均 13159	181～798 平均 332	0.01～0.12 平均 0.05	134.6±1.2
zk11-5-27	中细粒白云母花岗岩(G3)	LA-ICP-MS	14	1248～5710 平均 4458	226～384 平均 322	0.04～0.25 平均 0.10	133.7±0.5
zk1-4	二云母花岗斑岩(G4)	LA-ICP-MS	10	4879～10993 平均 8980	182～244 平均 210	0.02～0.04 平均 0.02	130.3±1.1
zk1-11	二云母花岗斑岩(G4)	LA-ICP-MS	10	5724～13876 平均 8783	140～249 平均 188	0.01～0.03 平均 0.02	129.3±0.6
81#-23	细粒二云母花岗岩(G5)	LA-ICP-MS	11	295～2891 平均 888	654～5237 平均 2091	0.06～1.56 平均 0.42	130.7±1.1

表 4-4　大湖塘地区燕山期花岗岩的锆石 U-Pb 定年结果汇总

样品号	U/(×10⁻⁶)	Th/(×10⁻⁶)	²³²Th/²³⁸U	²⁰⁷Pb/²⁰⁶Pb ratio	1σ	²⁰⁷Pb/²³⁵U ratio	1σ	²⁰⁶Pb/²³⁸U ratio	1σ	²⁰⁸Pb/²³²Th ratio	1σ	²⁰⁷Pb/²⁰⁶Pb age/Ma	1σ	²⁰⁷Pb/²³⁵U age/Ma	1σ	²⁰⁶Pb/²³⁸U age/Ma	1σ	²⁰⁸Pb/²³²Th age/Ma	1σ
zk0-26-3 G1																			
zk0-26-3-1	5450	248	0.05	0.0751	0.0030	0.2733	0.0143	0.0246	0.0003	0.0453	0.0053	1072	81	245	11	157	2	896	102
zk0-26-3-2	3024	751	0.25	0.0505	0.0008	0.1132	0.0018	0.0162	0.0002	0.0031	0.0001	220	35	109	2	104	1	62	2
zk0-26-3-3	6507	210	0.03	0.0501	0.0008	0.1569	0.0025	0.0225	0.0002	0.0115	0.0004	211	37	148	2	143	1	231	9
zk0-26-3-4	2661	3751	1.41	0.0497	0.0009	0.1548	0.0031	0.0224	0.0002	0.0073	0.0003	189	17	146	3	143	1	148	5
zk0-26-3-5	2933	35	0.01	0.0474	0.0011	0.1476	0.0033	0.0224	0.0002	0.0147	0.0013	78	54	140	3	143	1	294	25
zk0-26-3-6	4118	1805	0.44	0.0495	0.0017	0.1537	0.0049	0.0225	0.0002	0.0056	0.0002	172	75	145	4	143	1	114	5
zk0-26-3-7	3608	1918	0.53	0.0495	0.0009	0.1552	0.0028	0.0226	0.0002	0.0064	0.0001	169	41	147	2	144	1	129	3
zk0-26-3-8	3134	39	0.01	0.0482	0.0008	0.1519	0.0025	0.0226	0.0002	0.0182	0.0014	109	37	144	2	144	1	364	28
zk0-26-3-9	13056	388	0.03	0.0479	0.0008	0.1504	0.0025	0.0227	0.0003	0.0059	0.0003	95	73	142	2	145	2	119	6
zk0-26-3-10	2783	207	0.07	0.0481	0.0010	0.1510	0.0032	0.0226	0.0003	0.0075	0.0003	106	50	143	3	144	2	151	7
zk0-26-3-11	21271	2080	0.10	0.0475	0.0007	0.1500	0.0025	0.0226	0.0002	0.0091	0.0005	76	44	142	2	144	1	183	10
zk0-26-3-12	5799	233	0.04	0.0491	0.0006	0.1732	0.0023	0.0254	0.0002	0.0080	0.0002	154	32	162	2	162	1	161	4
zk0-26-3-13	4509	273	0.06	0.0490	0.0007	0.1534	0.0021	0.0226	0.0001	0.0092	0.0002	150	33	145	2	144	1	185	5
zk0-26-3-14	4423	517	0.12	0.0485	0.0011	0.1531	0.0036	0.0226	0.0002	0.0048	0.0003	124	47	145	3	144	1	96	6
zk0-26-3-15	14795	2363	0.16	0.0486	0.0008	0.1373	0.0022	0.0204	0.0001	0.0068	0.0002	132	34	131	2	130	1	136	3
zk0-26-3-16	13355	322	0.02	0.0482	0.0006	0.1515	0.0018	0.0227	0.0002	0.0104	0.0003	106	60	143	2	145	1	210	6
zk0-26-3-17	6931	359	0.05	0.0469	0.0023	0.1518	0.0081	0.0227	0.0002	0.0023	0.0018	56	111	143	7	144	1	47	36
zk0-26-3-18	19240	511	0.03	0.0471	0.0008	0.1480	0.0027	0.0227	0.0002	0.0102	0.0003	54	43	140	2	141	1	206	5
zk0-26-3-19	562	398	0.71	0.0701	0.0031	0.2560	0.0119	0.0265	0.0002	0.0089	0.0002	931	91	233	10	169	1	180	3
zk0-26-3-20	1049	850	0.81	0.0550	0.0022	0.1262	0.0054	0.0187	0.0002	0.0053	0.0002	195	104	121	5	119	1	106	3

续表 4-4

样品号	U/(×10⁻⁶)	Th/(×10⁻⁶)	232Th/238U	207Pb/206Pb ratio	1σ	207Pb/235U ratio	1σ	206Pb/238U ratio	1σ	208Pb/232Th ratio	1σ	207Pb/206Pb age/Ma	1σ	207Pb/235U age/Ma	1σ	206Pb/238U age/Ma	1σ	208Pb/232Th age/Ma	1σ
zk0-26-3-21	22281	11692	0.52	0.0492	0.0008	0.1544	0.0028	0.0225	0.0002	0.0054	0.0001	167	41	146	2	143	1	109	2
zk8-3-14 G2																			
zk8314-01	2767	332	0.12	0.0478	0.0009	0.1428	0.0027	0.0214	0.0002	0.0038	0.0002	87	79	136	2	137	1	77	4
zk8314-02	26781	477	0.02	0.0488	0.0006	0.1436	0.0018	0.0210	0.0002	0.0082	0.0003	139	30	136	2	134	1	165	6
zk8314-03	19786	681	0.03	0.0481	0.0005	0.1427	0.0017	0.0212	0.0002	0.0089	0.0005	102	26	135	1	136	1	179	9
zk8314-04	5697	213	0.04	0.0485	0.0006	0.1428	0.0019	0.0211	0.0002	0.0060	0.0005	124	25	136	2	135	1	120	9
zk8314-05	2164	181	0.08	0.0468	0.0008	0.1399	0.0026	0.0215	0.0002	0.0052	0.0005	43	41	133	2	137	1	105	10
zk8314-06	5469	199	0.04	0.0484	0.0017	0.1421	0.0058	0.0208	0.0002	0.0060	0.0021	117	83	135	5	133	1	122	41
zk8314-07	23605	360	0.02	0.0479	0.0006	0.1398	0.0020	0.0210	0.0002	0.0066	0.0010	95	31	133	2	134	1	133	20
zk8314-08	19001	211	0.01	0.0474	0.0006	0.1381	0.0017	0.0210	0.0001	0.0030	0.0006	78	28	131	2	134	1	61	12
zk11-5-27 G3																			
zk11-5-27-1	5586	309	0.06	0.0486	0.0009	0.1419	0.0028	0.0210	0.0002	0.0071	0.0002	128	46	135	2	134	1	143	5
zk11-5-27-2	4541	258	0.06	0.0544	0.0009	0.1682	0.0028	0.0222	0.0001	0.0134	0.0007	387	42	158	2	141	1	268	14
zk11-5-27-3	2640	416	0.16	0.0481	0.0008	0.1506	0.0025	0.0225	0.0002	0.0063	0.0002	106	39	142	2	144	1	128	3
zk11-5-27-4	4183	329	0.08	0.0758	0.0015	0.2363	0.0056	0.0219	0.0002	0.0265	0.0009	1100	39	215	5	140	1	529	19
zk11-5-27-5	4779	237	0.05	0.0749	0.0024	0.2430	0.0102	0.0222	0.0002	0.0568	0.0054	1065	65	221	8	142	1	1117	102
zk11-5-27-6	1668	383	0.23	0.0837	0.0013	0.8355	0.0245	0.0740	0.0020	0.0422	0.0010	1284	29	617	14	460	12	835	19
zk11-5-27-7	2743	369	0.13	0.0522	0.0013	0.1446	0.0041	0.0198	0.0002	0.0073	0.0003	295	59	137	4	127	1	147	6
zk11-5-27-8	3755	330	0.09	0.0482	0.0010	0.1415	0.0029	0.0211	0.0002	0.0070	0.0002	109	55	134	3	134	1	141	5
zk11-5-27-9	4524	233	0.05	0.0483	0.0006	0.1416	0.0019	0.0210	0.0001	0.0088	0.0003	122	31	134	2	134	1	177	6
zk11-5-27-10	4427	384	0.09	0.0501	0.0008	0.1448	0.0022	0.0207	0.0001	0.0074	0.0002	211	35	137	2	132	1	148	4

续表 4-4

样品号	U/(×10⁻⁶)	Th/(×10⁻⁶)	$^{232}Th/^{238}U$	$^{207}Pb/^{206}Pb$ ratio	1σ	$^{207}Pb/^{235}U$ ratio	1σ	$^{206}Pb/^{238}U$ ratio	1σ	$^{208}Pb/^{232}Th$ ratio	1σ	$^{207}Pb/^{206}Pb$ age/Ma	1σ	$^{207}Pb/^{235}U$ age/Ma	1σ	$^{206}Pb/^{238}U$ age/Ma	1σ	$^{208}Pb/^{232}Th$ age/Ma	1σ
zkl1-5-27-11	186	180	0.97	0.0662	0.0012	1.3527	0.0249	0.1469	0.0012	0.0445	0.0008	813	39	869	11	884	7	879	16
zkl1-5-27-12	209	82	0.39	0.0652	0.0016	0.9771	0.0237	0.1082	0.0013	0.0368	0.0010	789	51	692	12	662	8	731	20
zkl1-5-27-13	4170	169	0.04	0.0488	0.0010	0.1519	0.0029	0.0224	0.0002	0.0117	0.0007	200	51	144	3	143	1	235	13
zkl1-5-27-14	4446	295	0.07	0.0510	0.0012	0.1482	0.0037	0.0208	0.0002	0.0125	0.0005	239	56	140	3	133	1	251	11
zkl1-5-27-15	3109	290	0.09	0.0482	0.0011	0.1410	0.0034	0.0210	0.0002	0.0075	0.0002	106	54	134	3	134	1	151	5
zkl1-5-27-16	1248	313	0.25	0.0486	0.0015	0.1417	0.0045	0.0210	0.0002	0.0072	0.0003	132	79	135	4	134	1	146	5
zkl1-5-27-17	3680	539	0.15	0.1124	0.0071	0.5608	0.0454	0.0285	0.0007	0.0377	0.0028	1839	115	452	30	181	5	749	55
zkl1-5-27-18	3917	327	0.08	0.0510	0.0018	0.1482	0.0056	0.0210	0.0002	0.0090	0.0003	239	75	140	5	134	1	182	6
zkl1-5-27-19	4975	322	0.06	0.0479	0.0012	0.1415	0.0040	0.0211	0.0001	0.0061	0.0004	95	61	134	4	135	1	123	8
zkl1-5-27-20	6784	288	0.04	0.0909	0.0045	0.3032	0.0195	0.0224	0.0002	0.1073	0.0128	1444	99	269	15	143	1	2060	233
zkl1-5-27-21	5221	281	0.05	0.0787	0.0029	0.2574	0.0110	0.0227	0.0002	0.0368	0.0019	1165	68	233	9	145	1	730	37
zkl1-5-27-22	5710	247	0.04	0.0483	0.0010	0.1413	0.0031	0.0210	0.0002	0.0078	0.0003	122	48	134	3	134	1	157	5
zkl1-5-27-23	3345	271	0.08	0.0491	0.0011	0.1420	0.0031	0.0208	0.0002	0.0075	0.0003	150	50	135	3	133	1	150	5
zkl1-5-27-24	4064	267	0.07	0.0483	0.0009	0.1411	0.0028	0.0210	0.0002	0.0079	0.0002	122	42	134	3	134	1	160	5
zkl1-5-27-25	7599	347	0.05	0.0574	0.0012	0.1579	0.0034	0.0197	0.0002	0.0158	0.0006	509	46	149	3	126	1	316	12
zkl1-5-27-26	3615	351	0.10	0.0529	0.0012	0.1529	0.0033	0.0207	0.0002	0.0092	0.0003	324	50	145	3	132	1	184	6
zkl1-5-27-27	3811	226	0.06	0.0480	0.0009	0.1408	0.0026	0.0210	0.0002	0.0073	0.0003	102	46	134	2	134	1	147	5
zkl1-5-27-28	5774	347	0.06	0.0731	0.0015	0.2187	0.0047	0.0213	0.0002	0.0271	0.0009	1018	43	201	4	136	1	540	17
zkl1-5-27-29	3787	306	0.08	0.0486	0.0010	0.1419	0.0028	0.0209	0.0002	0.0063	0.0002	128	46	135	2	133	1	126	4
zkl1-5-27-30	4850	424	0.09	0.0547	0.0011	0.1587	0.0033	0.0207	0.0002	0.0099	0.0004	467	51	150	3	132	1	200	7
zkl1-5-27-31	627	90	0.14	0.0627	0.0012	1.2574	0.0239	0.1437	0.0013	0.0470	0.0013	698	43	827	11	866	8	929	25

续表 4-4

样品号	U/(×10⁻⁶)	Th/(×10⁻⁶)	$^{232}Th/^{238}U$	$^{207}Pb/^{206}Pb$		$^{207}Pb/^{235}U$		$^{206}Pb/^{238}U$		$^{208}Pb/^{232}Th$		$^{207}Pb/^{206}Pb$		$^{207}Pb/^{235}U$		$^{206}Pb/^{238}U$		$^{208}Pb/^{232}Th$	
				ratio	1σ	ratio	1σ	ratio	1σ	ratio	1σ	age/Ma	1σ	age/Ma	1σ	age/Ma	1σ	age/Ma	1σ
zkl1-5-27-32	7070	2649	0.37	0.1157	0.0036	0.4306	0.0159	0.0250	0.0003	0.0685	0.0059	1891	57	364	11	159	2	1338	112
zkl-4 G4																			
zkl-4-1	2631	116	0.04	0.0529	0.0009	0.2078	0.0035	0.0283	0.0002	0.0086	0.0004	324	37	192	3	180	1	174	8
zkl-4-2	1202	200	0.17	0.0664	0.0012	0.5413	0.0129	0.0592	0.0012	0.0345	0.0007	820	34	439	8	371	8	685	14
zkl-4-3	7692	201	0.03	0.0483	0.0009	0.1363	0.0024	0.0203	0.0002	0.0073	0.0003	122	38	130	2	130	2	147	6
zkl-4-4	290	149	0.51	0.0642	0.0010	1.0971	0.0184	0.1232	0.0011	0.0397	0.0009	746	33	752	9	749	6	786	17
zkl-4-5	7874	206	0.03	0.0527	0.0010	0.1469	0.0028	0.0200	0.0001	0.0152	0.0005	317	14	139	2	128	1	306	10
zkl-4-6	231	184	0.80	0.0676	0.0012	1.2390	0.0222	0.1319	0.0011	0.0387	0.0007	855	41	818	10	799	6	768	13
zkl-4-7	8150	327	0.04	0.0524	0.0008	0.1377	0.0021	0.0188	0.0001	0.0115	0.0003	302	3	131	2	120	1	231	7
zkl-4-8	173	32	0.18	0.0659	0.0023	1.2124	0.0409	0.1327	0.0019	0.0512	0.0020	806	72	806	19	803	11	1009	39
zkl-4-9	348	141	0.40	0.0643	0.0011	0.9766	0.0196	0.1090	0.0015	0.0379	0.0008	752	35	692	10	667	9	751	16
zkl-4-10	9118	206	0.02	0.0473	0.0008	0.1368	0.0025	0.0208	0.0002	0.0087	0.0007	65	43	130	2	132	1	175	13
zkl-4-11	4879	182	0.04	0.0493	0.0010	0.1385	0.0030	0.0202	0.0002	0.0112	0.0004	167	50	132	3	129	1	224	9
zkl-4-12	10063	207	0.02	0.0495	0.0010	0.1392	0.0029	0.0202	0.0002	0.0128	0.0006	172	48	132	3	129	1	256	12
zkl-4-13	9950	244	0.02	0.0476	0.0009	0.1371	0.0027	0.0206	0.0002	0.0098	0.0005	80	46	130	2	132	1	197	10
zkl-4-14	8408	183	0.02	0.0498	0.0011	0.1394	0.0032	0.0201	0.0002	0.0155	0.0005	187	54	132	3	128	1	311	10
zkl-4-15	10125	213	0.02	0.0482	0.0009	0.1382	0.0027	0.0206	0.0001	0.0145	0.0010	109	51	131	2	131	1	291	19
zkl-4-16	10993	226	0.02	0.0482	0.0013	0.1360	0.0038	0.0203	0.0002	0.0134	0.0005	106	67	129	3	129	1	270	9
zkl-4-17	371	184	0.49	0.0638	0.0014	1.0937	0.0222	0.1236	0.0010	0.0369	0.0008	744	51	750	11	751	6	732	16
zkl-4-18	8381	197	0.02	0.0483	0.0009	0.1391	0.0025	0.0207	0.0002	0.0111	0.0004	122	44	132	2	132	1	223	7
zkl-4-19	10928	317	0.03	0.0535	0.0011	0.1486	0.0033	0.0199	0.0002	0.0182	0.0009	350	46	141	3	127	1	365	18

续表 4-4

样品号	U/ (×10⁻⁶)	Th/ (×10⁻⁶)	²³²Th/²³⁸U	²⁰⁷Pb/²⁰⁶Pb ratio	1σ	²⁰⁷Pb/²³⁵U ratio	1σ	²⁰⁶Pb/²³⁸U ratio	1σ	²⁰⁸Pb/²³²Th ratio	1σ	²⁰⁷Pb/²⁰⁶Pb age/Ma	1σ	²⁰⁷Pb/²³⁵U age/Ma	1σ	²⁰⁶Pb/²³⁸U age/Ma	1σ	²⁰⁸Pb/²³²Th age/Ma	1σ
zkl-4-20	10189	241	0.02	0.0493	0.0009	0.1398	0.0025	0.0204	0.0002	0.0107	0.0004	161	47	133	2	130	1	214	7
zkl-4-21	9016	236	0.03	0.0745	0.0022	0.2355	0.0078	0.0221	0.0002	0.0694	0.0043	1054	64	215	6	141	1	1357	81
zkl-11 G4																			
zkl-11-01	5724	140	0.02	0.0496	0.0009	0.1398	0.0028	0.0203	0.0002	0.0090	0.0006	176	44	133	2	130	1	182	12
zkl-11-02	7228	219	0.03	0.0494	0.0007	0.1382	0.0022	0.0201	0.0002	0.0078	0.0004	165	35	131	2	128	1	157	7
zkl-11-03	1746	815	0.47	0.0486	0.0008	0.1578	0.0027	0.0233	0.0002	0.0067	0.0002	128	32	149	2	149	1	134	4
zkl-11-04	7574	203	0.03	0.0491	0.0008	0.1394	0.0025	0.0204	0.0002	0.0076	0.0004	150	32	133	2	130	1	154	8
zkl-11-05	144	86	0.59	0.0665	0.0014	1.1415	0.0258	0.1248	0.0015	0.0400	0.0009	820	44	773	12	758	9	793	18
zkl-11-06	9102	207	0.02	0.0497	0.0008	0.1391	0.0022	0.0202	0.0001	0.0060	0.0002	189	35	132	2	129	1	121	4
zkl-11-07	317	137	0.43	0.0662	0.0012	1.1580	0.0202	0.1260	0.0011	0.0395	0.0009	813	37	781	10	765	6	783	17
zkl-11-08	7376	168	0.02	0.0494	0.0008	0.1398	0.0022	0.0203	0.0001	0.0097	0.0004	169	37	133	2	129	1	195	8
zkl-11-09	13876	147	0.01	0.0491	0.0006	0.1395	0.0019	0.0204	0.0001	0.0071	0.0003	154	30	133	2	130	1	143	6
zkl-11-10	11132	180	0.02	0.0484	0.0007	0.1366	0.0021	0.0204	0.0001	0.0098	0.0004	117	35	130	2	130	1	198	8
zkl-11-11	95	75	0.79	0.0678	0.0017	1.2647	0.0311	0.1355	0.0015	0.0411	0.0009	865	52	830	14	819	8	815	18
zkl-11-12	9083	219	0.02	0.0490	0.0008	0.1376	0.0024	0.0202	0.0002	0.0077	0.0004	146	41	131	2	129	1	154	7
zkl-11-13	1479	287	0.19	0.0492	0.0010	0.2010	0.0038	0.0296	0.0003	0.0090	0.0002	167	51	186	3	188	2	182	5
zkl-11-14	191	85	0.45	0.0708	0.0017	1.3016	0.0293	0.1340	0.0012	0.0445	0.0011	951	48	846	13	811	7	880	21
zkl-11-15	7583	145	0.02	0.0500	0.0008	0.1381	0.0021	0.0200	0.0001	0.0121	0.0004	195	31	131	2	128	1	243	8
zkl-11-16	338	183	0.54	0.0754	0.0010	2.0450	0.0286	0.1956	0.0014	0.0567	0.0010	1080	26	1131	10	1152	8	1116	19
zkl-11-17	241	84	0.35	0.0656	0.0010	1.2360	0.0202	0.1363	0.0011	0.0436	0.0009	794	33	817	9	824	6	862	18
zkl-11-18	9149	249	0.03	0.0488	0.0006	0.1380	0.0016	0.0203	0.0001	0.0122	0.0003	139	21	131	1	130	1	245	6

续表 4-4

样品号	U/(×10⁻⁶)	Th/(×10⁻⁶)	$^{232}Th/^{238}U$	$^{207}Pb/^{206}Pb$ ratio	1σ	$^{207}Pb/^{235}U$ ratio	1σ	$^{206}Pb/^{238}U$ ratio	1σ	$^{208}Pb/^{232}Th$ ratio	1σ	$^{207}Pb/^{206}Pb$ age/Ma	1σ	$^{207}Pb/^{235}U$ age/Ma	1σ	$^{206}Pb/^{238}U$ age/Ma	1σ	$^{208}Pb/^{232}Th$ age/Ma	1σ
zkl-11-19	532	235	0.44	0.0531	0.0014	0.2761	0.0078	0.0372	0.0004	0.0128	0.0004	332	29	248	6	236	3	256	8
zkl-11-20	250	134	0.53	0.0661	0.0021	1.2543	0.0390	0.1364	0.0019	0.0428	0.0020	809	56	825	18	824	11	847	38
zkl-11-21	419	504	1.20	0.0654	0.0037	1.1272	0.0624	0.1234	0.0029	0.0388	0.0031	787	119	766	30	750	17	770	60
zkl-11-22	309	224	0.72	0.0656	0.0064	1.1441	0.1082	0.1253	0.0049	0.0373	0.0052	794	206	774	51	761	28	740	102
81#-23 G5																			
81#-23-1	498	107	0.21	0.0656	0.0009	1.2444	0.0176	0.1368	0.0010	0.0423	0.0010	794	34	821	8	827	6	837	20
81#-23-2	163	62	0.38	0.0667	0.0013	1.2568	0.0255	0.1363	0.0012	0.0397	0.0010	828	42	826	11	824	7	788	19
81#-23-3	2891	1012	0.35	0.0494	0.0008	0.1410	0.0024	0.0206	0.0002	0.0065	0.0001	165	41	134	2	131	1	131	2
81#-23-4	465	2764	0.17	0.0538	0.0019	0.1521	0.0054	0.0205	0.0003	0.0098	0.0020	363	2	144	5	131	79	197	40
81#-23-5	1018	654	1.56	0.0499	0.0025	0.1437	0.0071	0.0208	0.0003	0.0081	0.0016	191	2	136	6	133	111	163	31
81#-23-6	1309	1823	0.72	0.0513	0.0014	0.1441	0.0040	0.0204	0.0003	0.0091	0.0018	252	2	137	4	130	62	184	35
81#-23-7	1966	3553	0.55	0.0533	0.0015	0.1503	0.0043	0.0204	0.0003	0.0092	0.0018	343	2	142	4	130	63	184	35
81#-23-8	687	3667	0.19	0.2432	0.0039	0.8383	0.0140	0.0250	0.0003	0.1322	0.0254	3141	2	618	8	159	25	2509	453
81#-23-9	714	1015	0.70	0.0498	0.0027	0.1405	0.0073	0.0204	0.0004	0.0078	0.0015	184	2	134	7	131	119	158	31
81#-23-10	1261	3519	0.36	0.0528	0.0011	0.1496	0.0033	0.0205	0.0003	0.0087	0.0017	322	2	142	3	131	48	175	34
81#-23-11	295	3708	0.08	0.0499	0.0011	0.1425	0.0031	0.0207	0.0003	0.0090	0.0018	188	2	135	3	132	49	180	36
81#-23-12	681	5237	0.13	0.0512	0.0012	0.1433	0.0035	0.0203	0.0003	0.0097	0.0019	251	2	136	3	129	54	195	38
81#-23-13	297	4649	0.06	0.0496	0.0009	0.1392	0.0028	0.0203	0.0003	0.0091	0.0018	174	2	132	2	130	44	182	36
81#-23-14	1532	1339	1.14	0.0491	0.0016	0.1407	0.0045	0.0208	0.0003	0.0078	0.0015	151	2	134	4	132	73	158	30

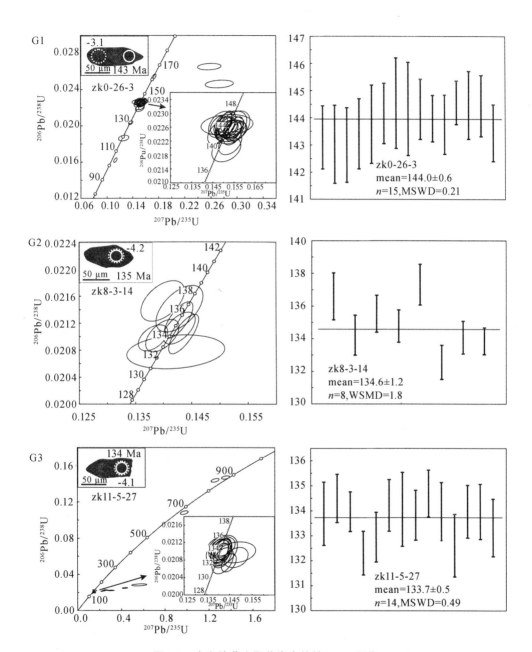

图 4-3　大湖塘燕山期花岗岩的锆石 CL 图像、

$^{207}Pb/^{235}U$-$^{206}Pb/^{238}U$ 同位素年龄谐和图

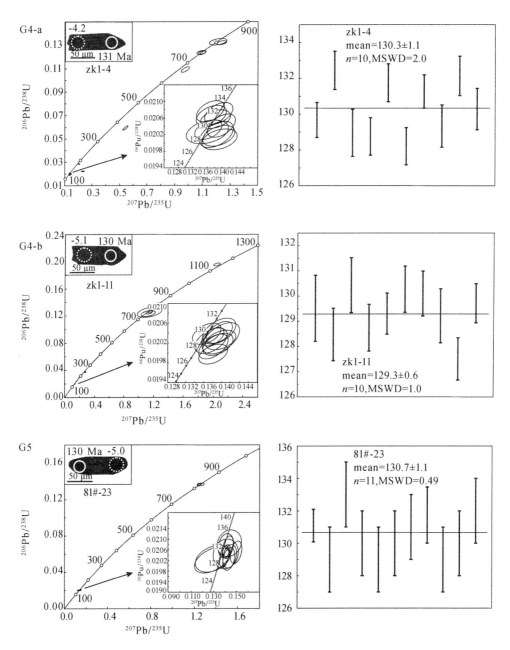

续图 4-3　大湖塘燕山期花岗岩的锆石 CL 图像、
$^{207}Pb/^{235}U$-$^{206}Pb/^{238}U$ 同位素年龄谐和图

　　大湖塘花岗岩的 6 个样品代表了 5 种花岗岩岩体,其锆石均为无色透明或浅黄色,大部分锆石结晶较好,呈长柱状晶形。在阴极发光图像上,6 个样品中几乎燕山期的锆石 CL 图像中呈黑色,有的具有典型的岩浆振荡环带,有的由于颜色太深而不明显(图 4-4),表明样品的锆石中 U、Th 含量都较高,从表 4-3 也可看出 G1～G5 中锆石的 U、Th 含量很高,U 的变化范围分别为 $(2\ 661\sim22\ 281)\times10^{-6}$、$(2\ 164\sim26\ 781)\times10^{-6}$、$(1\ 248\sim5\ 710)\times10^{-6}$、$(295\sim2\ 891)\times10^{-6}$、$(4\ 879\sim10\ 993)\times10^{-6}$、$(5\ 724\sim13\ 876)\times10^{-6}$,Th 的变化范围分别是 $(35\sim11\ 692)\times10^{-6}$、$(181\sim798)\times10^{-6}$、$(226\sim384)\times10^{-6}$、$(654\sim5\ 237)\times10^{-6}$、$(182\sim244)\times10^{-6}$、$(140\sim249)\times10^{-6}$。6 个样品的锆石中,燕山期年龄的大部分锆石的 Th/U 都小于 0.1(表 4-4)。据吴元保和郑永飞(2004)的研究,认为 Th/U 比并不能直接反映出锆石是岩浆成因、变质成因或是热液成因。Shu 等(2011)研究了南岭地区与钨锡成矿有关的花岗岩中的锆石,其锆石特征与本区花岗杂岩体中的吻合,该研究认为这些黑色锆石的结晶环境很可能是花岗岩浆演化晚期未达到水饱和之前,此时岩浆中富含大量流体、矿物质、高场强元素,从而使得在此环境下结晶形成的锆石更富 U,这些锆石的年龄可以反映花岗岩的成岩年龄。本区燕山期花岗杂岩

zk0-26-2(G1)　　　　　　　　zk11-5-27(G3)

zk1-13(G4)　　　　　　　　81#-23(G5)

图 4-4　大湖塘燕山期花岗岩的黑云母显微照片

Bio. 黑云母;Chl. 绿泥石

体的锆石非常可能是这种环境下形成的,导致了高 U、Th 含量,低 Th/U 比值。

4.2.2　大湖塘燕山期花岗岩的年代学格架

前人对九岭地区的燕山期花岗杂岩体的成岩年龄已做过少量研究。江西省地质矿产局(1984)用白云母 K-Ar 法测九岭地区甘坊岩体年龄为 257 Ma 和 204 Ma,黑云母 K-Ar 法测得古阳寨北侧的黑云母花岗岩年龄为 177 Ma。林黎等(2006a,b)认为大湖塘地区的燕山期岩浆岩侵入九岭岩基和双桥山地层的年龄为(134.0～150)Ma,其中细粒黑云母花岗岩和白云母花岗岩被认为是燕山早期产物,成岩年龄为 150 Ma,黑云母花岗斑岩的黑云母 K-Ar 法同位素年龄为 134 Ma 代表燕山晚期的岩浆活动。钟玉芳等(2005)利用锆石 SHRIMP U-Pb 定年方法测得九仙塘燕山期中细粒黑云母花岗岩的年龄为(151.4±2.4)Ma,可以说用锆石 SHRIMP U-Pb 定年方法获得的这个年龄是比较可信的。可见关于九岭地区燕山期岩浆活动年代学格架并不是很完善且存在争议。本书对九岭大湖塘地区的花岗岩 G1～G5 开展了锆石 LA-ICP-MS U-Pb 定年工作,获得的 $^{206}Pb/^{238}U$ 加权平均年龄分别为(144.0±0.6)Ma、(134.6±1.2)Ma、(133.7±0.5)Ma、(130.3±1.1)Ma 与(129.3±0.6)Ma 及(130.7±1.1)Ma,九岭地区燕山期岩浆活动早期形成的花岗岩主要是黑云母和二云母(白云母)花岗岩,黑云母花岗岩的年龄(151.4±2.4)Ma 与似斑状白云母花岗岩 G1 的年龄(144.0±0.6)Ma 是比较可信的,它们代表了九岭地区燕山期岩浆活动的起始时间应该为晚侏罗世与早白垩世的交接时段。花岗斑岩 G2 与中细粒白云母花岗岩 G3 的定年结果和黑云母 K-Ar 法测得的黑云母花岗斑岩的年龄 134 Ma 一致(林黎等,2006b),接下来最晚期形成的岩体是二云母花岗斑岩 G4 和细粒二云母花岗岩 G5,形成年龄在 130 Ma 左右。按照野外观察的岩体穿插关系,G1 显示为较早期侵入的花岗岩,而 G2～G5 显示为较晚期侵入的岩株,代表了大湖塘地区早白垩世的岩浆活动至少持续了 14 Ma。

4.3　矿物学

4.3.1　黑云母

通过对花岗岩中黑云母成分特征研究,可以探讨研究其岩石成因类型、岩浆源区性质、构造环境、成岩成矿物理化学条件(Selby and Nesbitt, 2000; Aydin *et al.*, 2003; Zakeri *et al.*, 2011; Rasmussen and Mortensen, 2012; Bath *et al.*, 2013; Sarjoughian *et al.*, 2014)。例如,黑云母中矿化剂元素(F, Cl)的含量可以

反映岩浆演化晚期成分的变化,黑云母的成分与岩浆成因类型有一定的关系,利用黑云母的主要氧化物成分相关图来区分非造山碱性花岗岩、过铝质花岗岩、俯冲带花岗岩。同时,花岗岩中黑云母的地球化学成分受岩浆冷却结晶时的物理化学条件控制,也可以用于计算温度、压力、氧逸度、组分的变化和挥发分含量制约着元素(Sn、Cu、W、Mo 等)在熔体/流体相中的分配、流体体系的地球化学行为及其成矿效应(Wones and Eugster, 1965; Kesler et $al.$, 1975; Munoz and Swenson, 1981; Earley et $al.$, 1995; O'Neill and Eggins, 2002; Linnen and Cuney, 2005; Qiu et $al.$, 2013)。因此,通过黑云母成分特征分析,开展岩浆演化和结晶过程中热化学参数研究,对认识岩浆演化及其与成矿关系具有重要意义。

4.3.1.1 黑云母岩相学特征

大湖塘燕山期五类花岗岩中,G2 花岗斑岩没有黑云母,在此没有进行讨论。大湖塘燕山期花岗岩中的黑云母以岩浆黑云母为主,G1、G3、G4 和 G5 中黑云母含量为 2%～3%,与长石、石英共生(图 4-4)。如图 4-4 所示,G1 花岗岩中黑云母在单偏光下呈棕红色,片状、板片状,具浅黄色—棕色的多色性,析出的点状金属矿物,与斜长石、白云母共生。G3 中黑云母呈现柱状,单偏光下黑云母呈褐色—棕色,具褐色—浅绿色多色性,常与造岩矿物共生。G4 中黑云母呈板片状,在单偏光下呈褐色,具深褐色—浅褐色的多色性,长石、石英共生。G5 中黑云母呈聚片状或片状,未蚀变的黑云母在单偏光下呈棕红色,具浅黄色—棕色的多色性,析出的点状金属矿物,绿泥石化了的聚片状黑云母表面带有绿色,具褐色—浅绿色多色性,部分已经蚀变为绿泥石。

4.3.1.2 黑云母矿物化学及形成条件

表 4-5 列出了大湖塘燕山期四种花岗岩的黑云母电子探针成分分析结果。黑云母的 Fe^{2+} 和 Fe^{3+} 值采用郑巧荣(1983)的计算方法获得,并以 22 个氧原子为单位计算黑云母的阳离子数及相关参数。

1.黑云母矿物化学特征

黑云母的 Fe/(Fe+Mg) 比值是否均一,可以表明其是否遭受后期流体的改造(Stone, 2000)。大湖塘花岗岩体的 G1、G3、G4、G5 花岗岩中黑云母的 Fe/(Fe+Mg) 值分别为 0.687～0.780,0.569～0.640,0.723～0.755,0.580～0.551。各岩体的 Fe/(Fe+Mg)比值变化范围小,比较均一,表明四种类型的花岗岩的这些黑云母未遭受后期流体改造。所有四种类型的花岗岩中黑云母都具有富铁特征(图 4-5)。G1 的黑云母 Fe/(Fe+Mg)的变化范围是 0.696～0.780,G3 的黑云母 Fe/(Fe+Mg)的变

表 4-5 大湖塘燕山期花岗岩中黑云母化学组成（wt%）与结构计算

岩石类型	G1 zk0-26-2							G3 zk11-5-27				
	1	2	3	4	5	6	7	1	2	3	4	5
SiO_2	35.15	34.26	34.05	34.58	34.37	34.82	34.45	34.30	34.94	38.37	36.58	38.35
TiO_2	4.22	3.60	3.71	3.16	3.24	3.02	3.03	3.77	3.49	1.94	3.22	2.13
Al_2O_3	19.52	20.51	20.00	20.62	21.23	21.55	21.33	18.95	19.55	19.63	19.84	19.43
FeO(total)	22.44	22.41	23.09	21.95	23.02	21.72	22.92	21.41	21.66	18.32	21.13	18.86
MnO	0.07	0.06	0.15	0.11	0.18	0.11	0.12	0.08	0.09	0.31	0.34	0.33
MgO	5.29	4.33	3.67	4.69	3.58	5.32	4.19	6.21	6.07	6.08	5.23	5.40
CaO	—	—	0.01	—	—	—	—	—	—	—	—	—
Na_2O	0.34	0.24	0.16	0.26	0.15	0.30	0.17	0.24	0.19	0.22	0.11	0.10
K_2O	9.15	9.37	9.39	9.08	9.49	9.04	9.20	9.42	9.51	9.66	9.59	9.38
BaO	0.13	0.02	0.04	0.01	—	0.09	0.07	0.08	0.12	0.06	0.11	—
H_2O(calc.)	4.06	3.98	3.95	3.98	3.97	4.07	3.97	4.09	4.17	4.24	4.30	4.43
F	1.19	1.04	1.01	1.22	1.05	1.14	1.07	1.73	2.01	2.00	2.47	3.89
Cl	0.02	0.01	0.04	0.02	0.01	0.01	0.01	0.03	0.04	0.02	0.05	0.01
Total	101.66	99.97	99.33	99.76	100.38	101.28	100.64	100.30	101.81	100.84	102.96	102.29
Fe_2O_3(calc.)*	0.78	1.10	0.65	0.41	0.45	1.06	0.66	3.57	2.89	4.45	5.10	4.76
FeO(calc.)*	21.74	21.42	22.51	21.58	22.61	20.77	22.32	18.20	19.06	14.31	16.54	14.57
以 22 个氧阴离子数为单位计算阴离子数												
Si	5.599	5.545	5.580	5.599	5.556	5.525	5.539	5.530	5.568	6.001	5.722	6.032
AlIV	2.401	2.455	2.420	2.401	2.444	2.475	2.461	2.470	2.432	1.999	2.278	1.968
T-总和	8.000	8.000	8.000	8.000	8.000	8.000	8.000	8.000	8.000	8.000	8.000	8.000
AlVI	1.261	1.454	1.440	1.530	1.598	1.551	1.578	1.128	1.236	1.615	1.377	1.631

续表 4-5

岩石类型	G1 zk0-26-2							G3 zk11-5-27				
	1	2	3	4	5	6	7	1	2	3	4	5
Ti	0.506	0.438	0.457	0.385	0.393	0.361	0.366	0.457	0.418	0.229	0.379	0.252
Fe^{3+}	0.093	0.134	0.080	0.050	0.055	0.126	0.080	0.433	0.346	0.523	0.600	0.563
Fe^{2+}	2.896	2.900	3.084	2.923	3.056	2.756	3.002	2.453	2.540	1.872	2.163	1.917
$Fe^{3+}/(Fe^{3+}+Fe^{2+})$	0.031	0.044	0.025	0.017	0.018	0.044	0.026	0.150	0.120	0.218	0.217	0.227
Mn	0.009	0.009	0.021	0.015	0.025	0.015	0.017	0.010	0.012	0.041	0.045	0.043
Mg	1.256	1.045	0.896	1.131	0.861	1.258	1.005	1.492	1.442	1.417	1.219	1.265
Ba	0.008	0.002	0.003	—	—	0.006	0.004	0.005	0.007	0.004	0.007	—
Ca	—	0.001	0.001	0.001	—	—	—	—	0.001	—	—	—
O-总和	6.029	5.983	5.982	6.035	5.988	6.073	6.052	1.507	1.462	1.462	1.271	1.308
Na	0.105	0.074	0.050	0.081	0.046	0.093	0.053	0.075	0.057	0.066	0.033	0.029
K	1.859	1.935	1.963	1.876	1.957	1.829	1.887	1.938	1.933	1.927	1.914	1.882
I-总和	1.964	2.009	2.013	1.957	2.003	1.922	1.940	2.013	1.990	1.993	1.947	1.911
cations	15.993	15.992	15.995	15.992	15.991	15.995	15.992	15.991	15.992	15.694	15.737	15.582
CF	1.200	1.061	1.050	1.251	1.076	1.146	1.090	1.763	2.023	1.981	2.442	3.869
CCl	0.010	0.007	0.021	0.011	0.004	0.004	0.004	0.017	0.021	0.010	0.024	0.005
$Fet/(Fet+Mg)$	0.704	0.744	0.779	0.724	0.783	0.696	0.754	0.659	0.667	0.628	0.694	0.662
$Fe^{2+}/(Fe^{2+}+Mg)$	0.697	0.735	0.775	0.721	0.780	0.687	0.749	0.622	0.638	0.569	0.640	0.602
$Mg/(Mg+Fe)$	0.296	0.256	0.221	0.276	0.217	0.304	0.246	0.341	0.333	0.372	0.306	0.338
$\log(f_{H_2O}/f_{HF})$	4.56	4.55	4.51	4.52	4.49	4.59	4.53	4.67	4.60	4.67	4.48	4.34
$\log(f_{H_2O}/f_{HCl})$	5.02	5.29	4.66	5.00	5.26	5.33	5.28	4.98	4.86	5.19	4.75	5.49
$\log(f_{HF}/f_{HCl})$	0.03	0.36	-0.18	0.08	0.45	0.29	0.39	-0.21	-0.25	-0.04	-0.20	0.62

续表 4-5

岩石类型	G4 zk1-13				G5 81#-23						
	1	2	3	4	1	2	3	4	5	6	7
SiO_2	34.49	34.61	35.74	35.99	36.07	35.42	35.66	35.95	35.89	36.00	36.30
TiO_2	2.10	1.96	1.94	1.88	4.19	4.12	4.04	4.32	4.01	4.13	3.97
Al_2O_3	20.58	20.76	20.46	21.23	17.56	17.63	17.25	17.63	17.62	17.71	17.86
FeO(total)	22.59	22.50	21.38	22.96	21.13	21.18	21.53	21.14	20.95	21.57	21.21
MnO	0.19	0.20	0.18	0.17	0.15	0.12	0.09	0.16	0.11	0.09	0.07
MgO	3.81	3.93	4.10	3.86	7.64	7.75	7.58	7.79	7.48	7.79	7.70
CaO	0.01	0.02	—	—	0.01	0.01	—	—	—	—	—
Na_2O	0.16	0.13	0.15	0.06	0.39	0.46	0.40	0.41	0.43	0.43	0.31
K_2O	9.51	9.66	9.46	9.18	9.02	9.19	9.10	8.77	9.18	9.17	9.15
BaO	0.05	0.03	0.23	—	0.17	0.10	0.10	2.33	0.15	0.19	0.13
H_2O(calc.)	3.97	3.96	4.03	4.06	3.99	4.04	4.00	4.02	3.96	4.04	4.05
F	1.26	1.03	1.39	1.08	0.10	0.50	0.42	0.36	—	0.28	0.44
Cl	0.02	0.01	0.01	—	0.03	0.04	0.02	—	0.03	0.02	0.04
Total	98.74	98.79	99.06	100.46	100.44	100.55	100.19	102.88	99.82	101.40	101.23
Fe_2O_3(calc.)*	1.85	2.27	2.56	2.69	2.61	4.70	3.91	3.13	3.26	4.03	2.55
FeO(calc.)*	20.92	20.45	19.07	20.54	18.78	16.95	18.01	18.32	18.01	17.94	18.91
以 22 个氧阴离子数为单位计算阳离子数											
Si	5.657	5.650	5.790	5.733	5.687	5.591	5.657	5.622	5.682	5.629	5.696
Al^{IV}	2.343	2.350	2.210	2.267	2.313	2.409	2.343	2.378	2.318	2.371	2.304
T-总和	8.000	8.000	8.000	8.000	8.000	8.000	8.000	8.000	8.000	8.000	8.000
Al^{VI}	1.631	1.641	1.694	1.716	0.948	0.868	0.879	0.869	0.966	0.889	0.996
Ti	0.260	0.241	0.236	0.226	0.497	0.489	0.482	0.508	0.477	0.485	0.469

续表 4-5

岩石类型	G4 zk1-13				G5 81#-23						
	1	2	3	4	1	2	3	4	5	6	7
Fe^{3+}	0.228	0.278	0.312	0.322	0.310	0.558	0.466	0.368	0.388	0.474	0.301
Fe^{2+}	2.869	2.792	2.584	2.736	2.476	2.238	2.390	2.396	2.385	2.346	2.482
$Fe^{3+}/(Fe^{3+}+Fe^{2+})$	0.074	0.091	0.108	0.105	0.111	0.200	0.163	0.133	0.140	0.168	0.108
Mn	0.026	0.027	0.025	0.023	0.020	0.016	0.012	0.021	0.015	0.012	0.009
Mg	0.932	0.955	0.991	0.917	1.795	1.824	1.793	1.815	1.765	1.815	1.801
Ba	0.003	0.002	0.015	—	0.010	0.006	0.006	0.143	0.009	0.012	0.008
Ca	0.002	0.004	—	—	0.001	0.001	—	—	—	—	—
O-总和	0.963	0.988	1.031	0.940	1.826	1.847	1.811	1.979	1.789	1.839	1.818
Na	0.052	0.042	0.048	0.017	0.120	0.140	0.122	0.123	0.132	0.129	0.095
K	1.990	2.011	1.955	1.866	1.815	1.851	1.841	1.749	1.855	1.829	1.832
I-总和	2.042	2.053	2.003	1.883	1.935	1.991	1.963	1.872	1.987	1.958	1.927
cations	15.993	15.993	15.860	15.823	15.992	15.991	15.991	15.992	15.992	15.991	15.993
CF	1.311	1.067	1.421	1.088	0.097	0.494	0.417	0.353	—	0.275	0.432
CCl	0.009	0.007	0.005	0.002	0.018	0.022	0.012	0.002	0.014	0.010	0.021
Fet/(Fet+Mg)	0.769	0.763	0.745	0.769	0.608	0.605	0.614	0.604	0.611	0.608	0.607
$Fe^{2+}/(Fe^{2+}+Mg)$	0.755	0.745	0.723	0.749	0.580	0.551	0.571	0.569	0.575	0.564	0.580
Mg/(Mg+Fe)	0.231	0.237	0.255	0.231	0.392	0.395	0.386	0.396	0.389	0.392	0.393
$\log(f_{H_2O}/f_{HF})$	4.48	4.57	4.48	4.55	6.02	5.33	5.39	5.48	5.03	5.58	5.39
$\log(f_{H_2O}/f_{HCl})$	4.99	5.29	5.31	—	5.03	4.91	5.20	—	—	5.21	4.92
$\log(f_{HF}/f_{HCl})$	0.17	0.37	0.46	—	−1.60	−1.03	−0.79	—	—	−0.98	−1.08

注：表中 T-总和，O-总和和 I-总和分别代表黑云母结构式中 T，O，I 各位置中阳离子的总和。

* 运用郑巧荣（1983）氧原子算法计算黑云母中 FeO 和 Fe_2O_3 的含量。

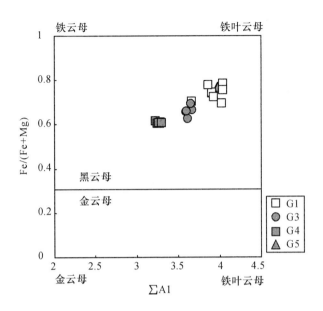

图 4-5　大湖塘燕山期花岗岩黑云母 $\sum$ Al-Fe/(Fe＋Mg)图解

(据 Rieder *et al*., 1999)

化范围是 0.628～0.694,G4 的黑云母 Fe/(Fe＋Mg)的变化范围是 0.745～0.769, G5 的黑云母 Fe/(Fe＋Mg)的变化范围是 0.604～0.614。据 Rieder *et al*.(1999) 提出的黑云母命名方法结合 $\sum$ Al-Fe/(Fe＋Mg)图解对黑云母进行分类,大湖塘燕山期四类花岗岩中的黑云母都属于铁叶云母。

　　从图 4-6 中看出,四类花岗岩中的黑云母化学成分除了 MgO 变化较大以外, 其余的 TFeO、Al_2O_3、TiO_2 变化范围相差不大。在图 4-6b 中,G4 的黑云母 MgO 含量较高,G5 含量最低,四类花岗岩 G1、G3～G5 的黑云母 Mg/(Fe＋Mg)比值分别为 0.217～0.304,0.306～0.372,0.231～0.255,0.386～0.396(表 4-5)。相对 G1、G3、G4 花岗岩,G5 花岗岩的黑云母具有富铝(图 4-6c)、贫钛(图 4-6d)的特征。以 22 个氧原子为单位计算的阳离子数中六次配位 Al^{VI} 的含量,G5 的黑云母的 Al^{VI} 含量为 0.868～0.996,TiO_2 的含量为 3.97～4.32,G4 的黑云母的 Al^{VI} 含量为 1.631～1.716,TiO_2 的含量为 1.88～2.10,G1 的黑云母的 Al^{VI} 含量为 1.261～ 1.598,TiO_2 的含量为 3.02～4.22,G3 的黑云母的 Al^{VI} 含量为 1.131～1.628,TiO_2 的含量为 1.94～3.77。据 Buddington and Lindsley (1964)和 De Albuquerque (1973)研究表明,黑云母的钛含量和结构式中 Al^{VI} 含量指示其形成的介质环境差异程度,四类花岗岩相比较,G5 具有高钛低 Al^{VI} 含量,G4 具低钛高 Al^{VI} 含量的特点,因此 G4 与 G5 的黑云母形成的介质环境差异度比其他两种大。

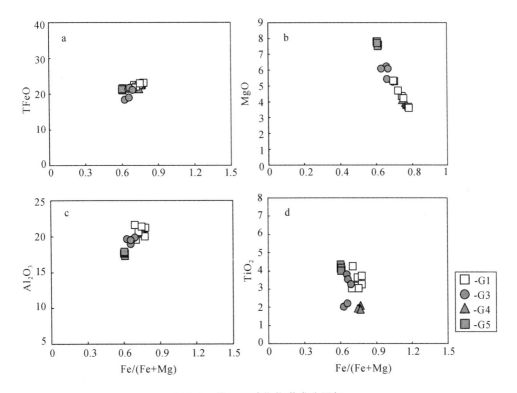

图 4-6　黑云母矿物化学成分图解

（据 Rieder *et al.*，1999）

2. 黑云母寄主岩石形成的物理化学条件及源区性质

根据本区花岗岩中黑云母的电子探针成分分析结果,采用郑巧荣（1983）的过剩氧方法我们计算了大湖塘四种花岗岩中黑云母的二价铁和三价铁。结果表明, G1、G3～G5 黑云母的 FeO 含量变化范围分别为 20.77%～22.61%,14.31%～19.06%,19.07%～20.92%,16.95%～18.78%,远高于它们的 Fe_2O_3 的含量 0.41%～1.06%,2.89%～5.10%,2.55%～4.70%,1.85%～2.69%,且它们的 $Fe^{3+}/(Fe^{3+}+Fe^{2+})$ 比值分别为 0.017～0.044,0.120～0.227,0.074～0.1080, 0.108～0.200（表 4-5）,反映了较还原的岩浆环境。相对来说,G1 花岗岩的 FeO 含量最高,Fe_2O_3 的含量最低,且 $Fe^{3+}/(Fe^{3+}+Fe^{2+})$ 比值也比其他三种花岗岩低, G1 的岩浆环境应该是最具还原性质的。

将计算结果投点于 Fe^{3+}-Fe^{2+}-Mg^{2+} 的三元图解中（图 4-7）,G1 的样品点均落在 Fe_2SiO_4-SiO_2-Fe_3O_4 缓冲剂线下,显示了最低的氧逸度环境;G3 与 G5 的样品点落于 Fe_3O_4-Fe_2O_3 缓冲线与 Ni-NiO 缓冲线之间,显示了相对较高的氧逸度环境;G4 的样品点落于 Ni-NiO 缓冲线与 Fe_2SiO_4-SiO_2-Fe_3O_4 缓冲剂线之间,反映了其氧化还原性质介于 G1 与 G3、G5 之间。在高温还原条件下,钨呈现出亲铁性质,且温度越高,还原作用越强,钨在金属相中的富集程度越高(Bischoff and Palme,1987;Wasson and Kallemeyn,1988;Sylvester *et al.*,1990)。大湖塘钨矿的成矿作用很可能与 G1 似斑状白云母花岗岩浆的低氧逸度有关,它使钨富集在岩浆体系当中。

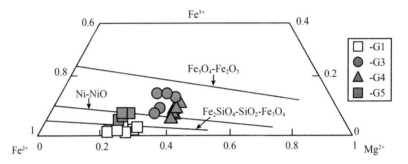

图 4-7　大湖塘燕山期花岗岩黑云母 Fe^{3+}-Fe^{2+}-Mg^{2+} 图解

(据 Wones and Eugster,1965b)

在 Abdel-Rahman(1994)的黑云母 Al_2O_3-FeOt-MgO 分类图解(图 4-8)上,所有数据点都落入了 P 区,表明大湖塘燕山期这四类花岗岩都属于过铝质花岗岩。张玉学(1982)认为黑云母的成分与其成岩物质的来源有关系,铁质黑云母的成分指示着成岩物质来源于上地壳。大湖塘花岗岩的黑云母在 FeOt/(FeOt+MgO)与 MgO 质量分数关系图(图 4-9)中都分布在Ⅲ地壳区域,说明其成岩物质来源于上地壳。

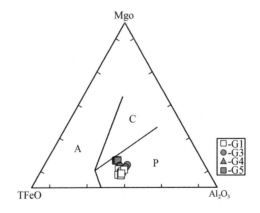

图 4-8　大湖塘燕山期花岗岩黑云母 TFeO-MgO-Al_2O_3 图解

(据 Abdel-Rahman,1994)

A. 非造山带碱性花岗岩;P. 过铝质花岗岩;C. 造山带钙碱性花岗岩

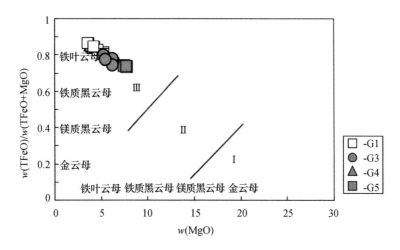

图 4-9 大湖塘燕山期花岗岩黑云母成分与物质来源相关图

(据张玉学，1982)

Ⅰ.幔源区；Ⅱ.壳幔混合区；Ⅲ.壳源区

通过对黑云母的研究，四类花岗岩的黑云母挥发分(F、Cl)含量较高，尤其是 F 含量较高。G1 中 F 含量为 1.050～1.251，Cl 含量为 0.004～0.021；G3 中 F 含量为 1.736～3.896，Cl 含量为 0.005～0.024；G4 中 F 含量为 0.000～0.494，Cl 含量为 0.002～0.022；G5 中 F 含量为 1.067～1.421，Cl 含量为 0.002～0.009。虽然研究表明钨并不以氟、氯的络合物形式在热液中进行迁移(Wesolowski *et al.*，1984；Wood，1990；Keppler and Wyllie，1991)，但氟化物的存在会使钨更容易进入硅酸盐熔体(Manning，1984；Manning and Henderson，1984)，而氟化物本身也优先进入岩浆(Webster，1990；Xiong *et al.*，1998)。氟的存在可能提高了钨在富水岩浆中的溶解度，增加了钨在岩浆中的富集程度，延缓了含钨热液从岩浆中的分离(马东升，2009)。大湖塘地区花岗岩岩浆与热液脉型的钨矿床的成矿作用紧密相关，尤其可能与 G1 似斑状白云母花岗岩的形成有关系，主要体现在岩浆低氧逸度及高氟的特征，使钨元素能够富集并且迁移。

3.与花岗岩熔体共存流体的性质

利用黑云母中 F，Cl 含量可以用来判定与花岗岩共存流体的 HF、HCl、H_2O 的逸度，热液流体中 $\log(f_{H_2O}/f_{HF})$，$\log(f_{H_2O}/f_{HCl})$ 和 $\log(f_{HF}/f_{HCl})$ 的计算公式如下(Munoz，1992)：

$$\log(f_{H_2O}/f_{HF})^{fluid}=1000/T(2.37+1.1(X_{Mg})^{bio})+0.43-\log(X_F/X_{OH})^{bio} \quad (1)$$

$$\log\ (f_{H_2O}/f_{HCl})^{fluid}=1000/T(1.15+0.55(X_{Mg})^{bio})+0.68-\log(X_{Cl}/X_{OH})^{bio}$$

$$(2)$$

$$\log\ (f_{HF}/f_{HCl})^{fluid}=-1000/T(1.22+1.65(X_{Mg})^{bio})+0.25+\log(X_F/X_{Cl})^{bio}$$

$$(3)$$

其中 X_F, X_{Cl}, X_{OH} 是黑云母分子 OH 位置的 F,Cl,OH 的物质的量浓度, $(X_{Mg})^{bio}$ 为 Mg/(Mg+Fe), T 为卤素交换温度,以成岩温度计算(使用锆饱和温度)。计算结果见表 4-5。与 G1、G3-G5 花岗岩共存的热液流体的 $\log(f_{H_2O}/f_{HF})^{fluid}$, $\log\ (f_{H_2O}/f_{HCl})^{fluid}$ 和 $\log(f_{HF}/f_{HCl})^{fluid}$ 值分别为:4.49~4.59,4.66~5.33,-0.18~0.45;4.34~4.67,4.75~5.49,-0.25~0.62;4.48~4.57,4.99~5.31,0.17~0.46;5.33~6.02,4.91~5.21,-1.6~-0.79。从以上可以看出四类花岗岩共存流体在化学成分上有一定的区别,但变化范围相近,G4 与 G5 花岗岩的共存流体化学成分区分较明显。G5 的共存流体 $\log(f_{H_2O}/f_{HF})^{fluid}$ 值明显大于与 G4 的共存流体值,而 G5 的共存流体 $\log(f_{HF}/f_{HCl})^{fluid}$ 值全为负值明显小于 G4 的全为正值的 $\log(f_{HF}/f_{HCl})^{fluid}$ 值。

4.3.2 白云母

虽然石榴石、堇青石、硅线石、红柱石都能指示岩浆强过铝质的特点,然而白云母是强过铝质花岗岩的最普遍最具代表性的指示矿物,它的存在还可以指示岩体结晶的深度。花岗岩中的白云母可分为原生白云母和次生白云母。原生白云母系指直接从花岗岩浆中晶出的白云母,而次生白云母一般是指在岩浆结晶期后及经热液作用交代其他矿物而形成的白云母。根据实验岩石学,原生白云母能结晶的最小压强大约是 3×10^8 Pa,(大约距地表 11 km 的深度),次生白云母可以在成岩深度小于 11 km 的条件下形成(Miller $et\ al.$,1981)。本书主要讨论成岩原始岩浆的成分,因此,主要选取了无色透明,呈自形—半自形、粒径较大(0.3~1 mm)、端面清晰,不具环带构造,也不含其他矿物包裹体的白云母进行电子探针分析,按 Miller $et\ al.$ (1981)提出的有关原生白云母岩相学的判别标准,它们应属于原生白云母(图 4-10a,c,d,f)。交代长石呈绢云母或基质中的绢云母(图 4-10b)或交代黑云母沿解理缝生长的白云母都为次生白云母,选取了少量做电子探针分析。本书中除了 G3 花岗岩中 zk11-5-27 的点 ms11-3 和 ms11-4、zk108-2-1 的 ms15-2、ms15-3 以及 G2 花岗岩的绢云母为次生白云母外,其余的白云母分析点都是原生白云母。

从白云母探针成分分析来看,G1 花岗岩的白云母 SiO_2 含量为 44.46%~

图 4-10　大湖塘燕山期花岗岩的白云母显微照片

Mus. 白云母

46.13％,TFeO 含量为 2.02％~3.20％,Fe/(Fe+Mg) 比值为 0.59~0.61;G2 花岗岩的绢云母 SiO₂ 含量为 45.36％~49.07％,TFeO 含量为 4.54％~6.43％,Fe/(Fe+Mg) 比值为 0.79~0.80;G3 花岗岩的原生白云母 SiO₂ 含量为 45.74％~50.84％,TFeO 含量为 1.87％~8.20％,Fe/(Fe+Mg) 比值为 0.50~0.89;G3 花岗岩的次生白云母 SiO₂ 含量为 47.36％~49.17％,TFeO 含量为 4.50％~5.47％,Fe/(Fe+Mg) 比值为 0.64~0.83;G4 花岗岩的白云母 SiO₂ 含量为 44.61％~50.83％,TFeO 含量为 1.34％~5.66％,Fe/(Fe+Mg) 比值为 0.52~0.81;G5 花岗岩的白云母 SiO₂ 含量为 47.55％~48.67％,TFeO 含量为 1.95％~2.24％,Fe/(Fe+Mg) 比值为 0.54~0.59。

天然花岗岩中的白云母一般不是纯白云母,而是一种由白云母分子 $KAl_2[AlSi_3O_{10}](OH)_2$、钠云母分子 $NaAl_2[AlSi_3O_{10}](OH)_2$ 和绿鳞石分子 $KAl(Fe,Mg)(Si_4O_{10})(OH)_2$ 组成的固溶体(Clarke,1981)。将表 4-6 中的数据投影到(Fe+

表4-6 大湖塘燕山期花岗岩中白云母化学组成(wt%)与结构计算

岩石类型	G1 zk0-26-2			G2 zk8-3-14				G3 zk11-5-27	
	ms-5-11	ms-5-12	ms-5-14	ms-9-1	ms-9-2	ms-9-3	ms-9-4	ms-9-5	ms-11-3
SiO_2	45.77	46.13	44.46	45.36	46.38	49.07	45.38	45.61	47.36
TiO_2	0.456	0.323	0.368	0.187	0.208	0.128	0.256	0.318	0.229
Al_2O_3	36.33	36.20	34.40	33.63	32.12	31.34	32.57	29.67	30.84
FeO	2.02	2.51	3.20	4.78	4.67	4.85	4.54	6.43	5.36
MnO	0.009	0.011	0.024	0.026	0.035	0.046	0.014	0.068	0.033
MgO	0.800	0.930	1.132	0.683	0.708	0.668	0.634	0.887	1.577
CaO	0.005	0.021	0.155	0.037	0.015	0.020	0.005	0.041	0.005
Na_2O	0.510	0.722	0.578	0.297	0.210	0.730	0.142	0.177	0.100
K_2O	10.45	10.22	10.00	10.66	10.48	10.08	10.25	10.41	9.51
BaO	0.029	0.021	0.000	0.000	0.020	0.000	0.000	0.023	0.015
SnO_2	0.000	0.015	0.004	0.000	0.018	0.000	0.000	0.008	0.055
SrO	0.000	0.019	0.000	0.000	0.000	0.000	0.000	0.000	0.000
WO_3	0.053	0.000	0.000	0.000	0.019	0.000	0.000	0.045	0.026
F	0.36	0.636	0.517	0.942	1.117	1.334	0.802	1.351	1.486
Cl	0.009	0.007	0.031	0.019	0.000	0.000	0.005	0.008	0.016
total	96.80	97.75	94.87	96.61	96.00	98.27	94.60	95.04	96.62
oxygens	22	22	22	22	22	22	22	22	22
Si	6.045	6.058	6.045	6.136	6.307	6.503	6.233	6.358	6.404

续表 4-6

岩石类型	G1					G2			G3
	zk0-26-2					zk8-3-14			zk11-5-27
	ms-5-11	ms-5-12	ms-5-14	ms-9-1	ms-9-2	ms-9-3	ms-9-4	ms-9-5	ms-11-3
Al^{IV}	1.955	1.942	1.955	1.864	1.693	1.497	1.767	1.642	1.596
T-总和	8	8	8	8	8	8	8	8	8
Al^{VI}	3.696	3.657	3.554	3.493	3.45	3.394	3.502	3.229	3.315
Ti	0.045	0.032	0.038	0.019	0.021	0.013	0.026	0.033	0.023
Fe^{2+}	0.223	0.275	0.364	0.541	0.531	0.538	0.521	0.749	0.606
Mn	0.001	0.001	0.003	0.003	0.004	0.005	0.002	0.008	0.004
Mg	0.158	0.182	0.229	0.138	0.144	0.132	0.13	0.184	0.318
Ca	0.001	0.003	0.023	0.005	0.002	0.003	0.001	0.006	0.001
O-总和	4.124	4.15	4.211	4.199	4.152	4.085	4.182	4.209	4.267
Na	0.131	0.184	0.152	0.078	0.055	0.188	0.038	0.048	0.026
K	1.761	1.712	1.735	1.839	1.818	1.705	1.796	1.851	1.64
I-总和	1.892	1.896	1.887	1.917	1.873	1.893	1.834	1.899	1.666
cations	14.016	14.046	14.098	14.116	14.025	13.978	14.016	14.108	13.933
CF	0.301	0.528	0.445	0.806	0.961	1.118	0.697	1.191	1.271
CCl	0.004	0.003	0.014	0.009	0.000	0.000	0.002	0.004	0.007
Fe/(Fe+Mg)	0.590	0.600	0.610	0.800	0.790	0.800	0.800	0.800	0.660
Mg/(Fe+Mg)	0.410	0.400	0.390	0.200	0.210	0.200	0.200	0.200	0.340

续表4-6

岩石类型	zk11-5-27			G3			zk108-2-1		
	ms-11-4	ms-11-5	ms-11-6	ms-15-1	ms-15-2	ms-15-3	ms-15-6	ms-15-7	ms-15-8
SiO_2	47.85	45.98	45.74	48.20	48.32	49.17	50.84	50.11	47.04
TiO_2	0.098	0.229	0.432	0.510	0.248	0.140	0.039	0.014	0.166
Al_2O_3	30.36	35.44	31.22	33.09	32.78	30.83	34.62	32.65	36.15
FeO	5.47	2.07	4.92	4.47	4.50	4.61	2.21	4.95	1.87
MnO	0.069	0.029	0.039	0.060	0.079	0.072	0.058	0.079	0.001
MgO	1.734	1.149	1.604	0.737	0.570	0.527	0.221	0.425	0.258
CaO	0.005	0.004	0.000	0.111	0.068	0.093	0.053	0.047	0.013
Na_2O	0.112	0.377	0.167	0.192	0.141	0.483	0.161	0.168	0.608
K_2O	9.23	9.70	10.08	9.06	8.95	9.11	8.50	8.98	9.68
BaO	0.022	0.000	0.060	0.015	0.019	0.000	0.000	0.015	0.000
SnO_2	0.034	0.011	0.057	0.035	0.021	0.000	0.021	0.059	0.000
SrO	0.000	0.000	0.000	0.000	0.000	0.000	0.000	0.000	0.000
WO_3	0.000	0.000	0.000	0.021	0.034	0.045	0.000	0.000	0.059
F	1.572	1.177	1.424	1.318	1.26	1.125	0.838	1.417	0.994
Cl	0.014	0.012	0.000	0.031	0.031	0.025	0.018	0.027	0.004
total	96.58	96.18	95.74	97.85	97.01	96.23	97.59	98.93	96.83
oxygens	22	22	22	22	22	22	22	22	22
Si	6.466	6.131	6.268	6.361	6.419	6.589	6.547	6.53	6.196

续表 4-6

岩石类型	G3								
	zk11-5-27			zk108-2-1					
	ms-11-4	ms-11-5	ms-11-6	ms-15-1	ms-15-2	ms-15-3	ms-15-6	ms-15-7	ms-15-8
Al^{IV}	1.534	1.869	1.732	1.639	1.581	1.411	1.453	1.47	1.804
T-总和	8	8	8	8	8	8	8	8	8
Al^{VI}	3.298	3.696	3.307	3.504	3.547	3.454	3.798	3.542	3.803
Ti	0.01	0.023	0.045	0.051	0.025	0.014	0.004	0.001	0.016
Fe^{2+}	0.618	0.231	0.564	0.494	0.499	0.516	0.238	0.539	0.206
Mn	0.008	0.003	0.005	0.007	0.009	0.008	0.006	0.009	0
Mg	0.349	0.228	0.328	0.145	0.113	0.105	0.042	0.083	0.051
Ca	0.001	0.001	0.000	0.016	0.01	0.013	0.007	0.007	0.002
O-总和	4.284	4.182	4.249	4.217	4.203	4.11	4.095	4.181	4.078
Na	0.029	0.097	0.044	0.049	0.036	0.126	0.04	0.042	0.155
K	1.592	1.65	1.762	1.526	1.516	1.558	1.397	1.493	1.626
I-总和	1.621	1.747	1.806	1.575	1.552	1.684	1.437	1.535	1.781
cations	13.905	13.929	14.055	13.792	13.755	13.794	13.532	13.716	13.859
CF	1.344	0.993	1.234	1.1	1.059	0.953	0.683	1.168	0.828
CCl	0.006	0.005	0.000	0.014	0.014	0.011	0.008	0.012	0.002
Fe/(Fe+Mg)	0.640	0.500	0.630	0.770	0.820	0.830	0.850	0.870	0.800
Mg/(Fe+Mg)	0.360	0.500	0.370	0.230	0.180	0.170	0.150	0.130	0.200

续表 4-6

| 岩石类型 | G3 | G5 | | | | | G4 | | |
| | zk108-2-1 | ms-4-14 | 81#-23 | | ms-6-1 | ms-6-12 | zk1-4 | | |
	ms-15-9		ms-4-15	ms-4-16			ms-6-13	ms-6-3	ms-6-7
SiO_2	49.85	48.67	48.40	47.55	45.47	49.10	50.83	46.06	49.41
TiO_2	0.088	0.336	0.403	0.468	0.444	0.017	0.000	0.430	0.090
Al_2O_3	24.64	36.04	37.45	37.02	32.67	35.21	33.96	32.73	34.12
FeO	8.20	2.24	1.95	2.15	5.66	1.98	2.46	5.60	2.50
MnO	0.041	0.012	0.013	0.004	0.049	0.021	0.043	0.023	0.021
MgO	0.550	1.052	0.855	0.835	1.143	0.519	0.818	1.210	0.561
CaO	0.223	0.090	0.023	0.034	0.000	0.051	0.030	0.023	0.065
Na_2O	0.075	0.355	0.270	0.238	0.428	0.027	0.033	0.384	0.043
K_2O	7.95	9.18	9.12	8.68	8.70	8.56	8.09	9.15	8.10
BaO	0.000	0.029	0.031	0.000	0.089	0.039	0.000	0.028	0.001
SnO_2	0.000	0.000	0.000	0.000	0.054	0.003	0.001	0.047	0.000
SrO	0.000	0.000	0.000	0.000	0.000	0.000	0.000	0.000	0.000
WO_3	0.000	0.000	0.056	0.000	0.012	0.010	0.000	0.069	0.000
F	3.295	0.385	0.436	0.397	2.98	0	0	2.645	0.007
Cl	0.046	0.023	0.015	0.013	0.019	0.011	0.007	0.020	0.014
total	94.96	98.41	99.02	97.39	97.72	95.55	96.27	98.42	94.92
oxygens	22	22	22	22	22	22	22	22	22
Si	7.007	6.25	6.166	6.149	6.179	6.411	6.568	6.198	6.49

续表 4-6

岩石类型	G3		G5		G4				
	zk108-2-1		81#-23		zk1-4				
	ms-15-9	ms-4-14	ms-4-15	ms-4-16	ms-6-1	ms-6-12	ms-6-13	ms-6-3	ms-6-7
Al^{IV}	0.993	1.75	1.834	1.851	1.821	1.589	1.432	1.802	1.51
T-总和	8	8	8	8	8	8	8	8	8
Al^{VI}	3.086	3.7	3.784	3.787	3.407	3.825	3.736	3.386	3.767
Ti	0.009	0.032	0.039	0.046	0.045	0.002	0	0.044	0.009
Fe^{2+}	0.964	0.24	0.207	0.232	0.643	0.217	0.266	0.63	0.274
Mn	0.005	0.001	0.001	0	0.006	0.002	0.005	0.003	0.002
Mg	0.115	0.201	0.162	0.161	0.232	0.101	0.158	0.243	0.11
Ca	0.034	0.012	0.003	0.005	0	0.007	0.004	0.003	0.009
O-总和	4.213	4.186	4.196	4.231	4.333	4.154	4.169	4.309	4.171
Na	0.02	0.088	0.067	0.06	0.113	0.007	0.008	0.1	0.011
K	1.426	1.504	1.482	1.432	1.508	1.425	1.333	1.57	1.357
I-总和	1.446	1.592	1.549	1.492	1.621	1.432	1.341	1.67	1.368
cations	13.659	13.778	13.745	13.723	13.954	13.586	13.51	13.979	13.539
CF	2.93	0.313	0.351	0.325	2.561	0	0	2.251	0.006
CCl	0.022	0.01	0.006	0.006	0.009	0.005	0.003	0.009	0.006
Fe/(Fe+Mg)	0.890	0.540	0.560	0.590	0.730	0.680	0.630	0.720	0.710
Mg/(Fe+Mg)	0.110	0.460	0.440	0.410	0.270	0.320	0.370	0.280	0.290

续表 4-6

岩石类型	G4								
	zk1-4	zk1-11							
	ms-6-8	ms-7-1	ms-7-2	ms-7-3	ms-7-4	ms-7-5	ms-7-6	ms-7-7	ms-7-8
SiO_2	44.61	47.57	48.51	48.75	47.55	47.25	48.25	47.34	48.55
TiO_2	0.136	0.441	0.445	0.439	0.680	0.550	0.848	0.703	0.686
Al_2O_3	37.88	37.17	37.82	37.40	36.98	37.77	37.98	35.87	36.84
FeO	2.40	1.47	1.41	1.59	1.34	1.56	1.48	1.39	1.43
MnO	0.017	0.000	0.007	0.008	0.000	0.016	0.010	0.000	0.000
MgO	0.307	0.649	0.720	0.768	0.600	0.781	0.756	0.609	0.618
CaO	0.029	0.012	0.053	0.209	0.013	0.029	0.004	0.004	0.000
Na_2O	0.504	0.448	0.500	0.504	0.443	0.461	0.470	0.541	0.462
K_2O	7.89	8.84	8.90	9.01	9.13	8.91	8.91	9.65	9.24
BaO	0.074	0.015	0.003	0.000	0.040	0.023	0.078	0.031	0.024
SnO_2	0.005	0.000	0.002	0.000	0.012	0.017	0.012	0.004	0.011
SrO	0.000	0.000	0.000	0.000	0.000	0.000	0.000	0.000	0.000
WO_3	0.059	0.000	0.000	0.016	0.060	0.000	0.021	0.000	0.019
F	1.24	0.03	0.052	0.055	0.042	0.736	0.087	0.074	0.094
Cl	0.018	0.004	0.009	0.008	0.007	0.007	0.006	0.023	0.011
total	95.17	96.65	98.44	98.75	96.88	98.11	98.92	96.24	97.98
oxygens	22	22	22	22	22	22	22	22	22
Si	5.965	6.163	6.167	6.191	6.159	6.087	6.118	6.202	6.219

续表 4-6

岩石类型	G4								
	zk1-4		zk1-11						
	ms-6-8	ms-7-1	ms-7-2	ms-7-3	ms-7-4	ms-7-5	ms-7-6	ms-7-7	ms-7-8
Al^{IV}	2.035	1.837	1.833	1.809	1.841	1.913	1.882	1.798	1.781
T-总和	8	8	8	8	8	8	8	8	8
Al^{VI}	3.931	3.834	3.829	3.784	3.799	3.817	3.789	3.735	3.775
Ti	0.014	0.043	0.043	0.042	0.066	0.053	0.081	0.069	0.066
Fe^{2+}	0.268	0.159	0.15	0.169	0.145	0.168	0.157	0.152	0.153
Mn	0.002	0.000	0.001	0.001	0.000	0.002	0.001	0.000	0.000
Mg	0.061	0.125	0.136	0.145	0.116	0.15	0.143	0.119	0.118
Ca	0.004	0.002	0.007	0.028	0.002	0.004	0.001	0.001	0
O-总和	4.28	4.163	4.166	4.169	4.128	4.194	4.172	4.076	4.112
Na	0.131	0.113	0.123	0.124	0.111	0.115	0.116	0.137	0.115
K	1.347	1.461	1.443	1.46	1.508	1.463	1.441	1.613	1.509
I-总和	1.478	1.574	1.566	1.584	1.619	1.578	1.557	1.75	1.624
cations	13.758	13.737	13.732	13.753	13.747	13.772	13.729	13.826	13.736
CF	1.049	0.025	0.042	0.044	0.034	0.600	0.070	0.061	0.076
CCl	0.008	0.002	0.004	0.003	0.003	0.003	0.003	0.010	0.005
Fe/(Fe＋Mg)	0.810	0.560	0.520	0.540	0.560	0.530	0.520	0.560	0.560
Mg/(Fe＋Mg)	0.190	0.440	0.480	0.460	0.440	0.470	0.480	0.440	0.440

Mg)/(Fe＋Mg＋Ti＋Al)－Na/(Na＋K＋Ca)图解中,可清楚看出大湖塘花岗岩中,G1、G4、G5 的白云母是由白云母分子及一定数量钠云母分子组成的固溶体,而G2、G3 的原生白云母成分中主要由白云母分子和绿鳞石分子组成(图 4-11)。

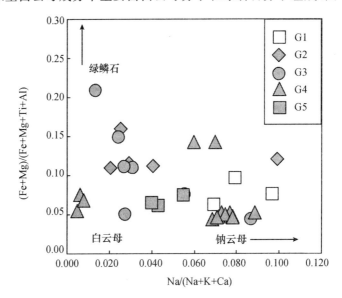

图 4-11 大湖塘五类花岗岩中白云母的(Fe＋Mg)/

(Fe＋Mg＋Ti＋Al)－Na/(Na＋K＋Ca)图解

(据 Clarke,1981)

根据表 4-6 中的数据计算出的大湖塘燕山期五类花岗岩中白云母的平均晶体化学式如下。

G1 为 $K_{1.74}Na_{0.16}Fe_{0.29}Mg_{0.19}Ti_{0.04}Al_{5.59}Si_{6.05}O_{10}(OH)_4$

G2 绢云母为 $K_{1.80}Na_{0.08}Fe_{0.58}Mg_{0.15}Ti_{0.02}Al_{5.11}Si_{6.3}O_{10}(OH)_4$

G3 的原生白云母为 $K_{1.55}Na_{0.06}Fe_{0.46}Mg_{0.14}Ti_{0.02}Al_{5.10}Si_{6.43}O_{10}(OH)_4$

G3 次生白云母为 $K_{1.58}Na_{0.05}Fe_{0.56}Mg_{0.22}Ti_{0.02}Al_{4.93}Si_{6.47}O_{10}(OH)_4$

G4 为 $K_{1.47}Na_{0.07}Fe_{0.23}Mg_{0.17}Ti_{0.04}Al_{5.57}Si_{6.19}O_{10}(OH)_4$

G5 为 $K_{1.46}Na_{0.09}Fe_{0.25}Mg_{0.14}Ti_{0.04}Al_{5.52}Si_{6.22}O_{10}(OH)_4$

近年国内外学者研究了花岗岩体中原生白云母及次生白云母,综合分析后得出了一系列地球化学判别标志。但是这些地球化学的判断标志受到研究岩体差异以及数据统计的限制,甚至会得出相反的结论。Miller *et al*.(1981)和孙涛等(2002)认为判断原生白云母的地球化学标志为低 Fe、Si 和高 Na、Mg、Al,而汪湘

等（2007）、Borodina 和 Fershtater（1988）认为原生白云母以富 Fe、Si 和贫 Na、
Mg、Al 为特征。本书以大湖塘地区这五类花岗岩的原生白云母的相关数据（表 4-6）
分别投影到 Mg、Na 对 Fe/(Fe＋Mg) 图解（图 4-12a，b）中。在图 4-12a 中，部分位
于原生白云母的区域（区域 1），部分既不在区域 1 也不在区域 2；在图 4-12b 中，少
部分数据落于区域 1，大部分数据既不在区域 1 也不在区域 2。这说明孙涛等
（2002）研究得出的区分原生和次生白云母标记的范围不能区分大湖塘燕山期花岗
岩中白云母的成因。章邦桐等（2010）认为应用白云母的 Ti、Mg、Al、Na、Fe、Si、
Fe/(Fe＋Mg) 等的地球化学特征来判别花岗岩中白云母的成因类型不具有普遍的
实际意义。本书的白云母数据及图解也说明了白云母的地球化学特征区分原生与
次生白云母不具有普遍性。

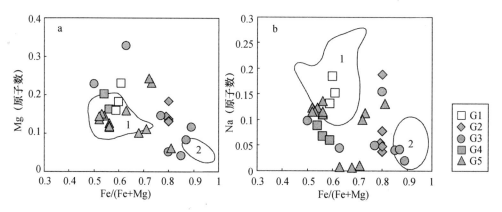

**图 4-12　大湖塘五类花岗岩中白云母的 Mg-Fe/(Fe＋Mg) 图解（a）
与 Na-Fe/(Fe＋Mg) 图解（b）**

1.原生白云母成分投影区；2.次生白云母成分投影区

（孙涛等，2002）

原生白云母含有矿化剂（F、Cl 等），矿物中矿化剂的多少可以反映岩浆体系矿化
剂含量，通过对花岗岩中白云母 F、Cl 的分析可以判断成岩与成矿的关系。表 4-6 显
示，G1 花岗岩白云母的 F 含量为 0.36%～0.64%，Cl 含量为 0.01%～0.03%；G2
花岗岩白云母的 F 含量为 0.08%～1.35%，Cl 含量为 0.00%～0.01%；G3 花岗
岩次生白云母的 F 含量为 1.13%～1.57%，Cl 含量为 0.01%～0.03%；G3 花岗岩
原生白云母的 F 含量为 0.84%～3.30%，Cl 含量为 0.00%～0.05%；G4 花岗岩白
云母的 F 含量为 0.00%～2.98%，Cl 含量为 0.00%～0.02%；G5 花岗岩白云母的
F 含量为 0.39%～0.44%，Cl 含量为 0.01%～0.02%。可以看出，大湖塘燕山期
五种花岗岩的 F 含量偏高，Cl 含量相对较低。G3 的原生与次生白云母中 F、Cl 含

量差异不明显,其 F 含量在这五种花岗岩中最高,其次含较高 F 含量的是 G2 花岗岩的绢云母。白云母中 F、Cl 的含量取决于 F-OH 和 Cl-OH 的置换作用,同时白云母中 Mg/Fe 值对 F-OH 和 Cl-OH 分配有着重要影响。G1,G3～G5 的原生白云母富 F 说明其体系富含 F 元素。对于 Mg-Cl 和 Fe-F 回避原则,与白云母共存的流体相对富铁,这个结论同从黑云母的分析结果是一致的。蒋国豪和胡瑞忠 (2007)认为钨矿化与白云母化有密不可分的关系。在黑云母的章节已讨论过钨虽然并不与 F 形成络合物进行迁移,但氟的存在可能提高了钨在富水岩浆中的溶解度,增加了钨在岩浆中的富集程度,延缓了含钨热液从岩浆中的分离,在流体的物理化学环境改变的情况下,可能导致 F 进入白云母或黑云母的矿物晶格,而钨与它的沉淀剂 Fe、Mn、Ca 形成黑钨矿、白钨矿。

4.3.3　绿泥石

绿泥石是一种类似云母的黏土矿物,在自然界广泛分布,是沉积岩、低级变质岩以及热液蚀变岩石的常见矿物之一。热液交代富铁镁的矿物如黑云母、白云母使其绿泥石化,绿泥石也能从热液中直接沉淀析出(De and Walshe,1993)。本研究中的绿泥石主要是由云母蚀变而成的。如图 4-13 所示,绿泥石呈片状、鳞片状,

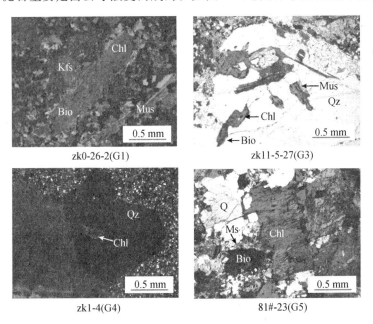

zk0-26-2(G1)

zk11-5-27(G3)

zk1-4(G4)

81#-23(G5)

图 4-13　大湖塘燕山期花岗岩的绿泥石显微照片

Qz. 石英;Kfs. 钾长石;Mus. 白云母;Bio. 黑云母;Chl. 绿泥石

部分或全部交代了黑云母、白云母,并保留了云母的假象,在单偏光下,蚀变而成的绿泥石都呈绿色,说明其含铁量较高含镁量较少,G1、G3、G5 花岗岩中存在黑云母的绿泥石化,G4 花岗岩中的白云母被交代生成绿泥石。

电子探针化学成分分析结果显示,G1、G3～G5 的绿泥石成分分别是:G1 的 $w(SiO_2)$ 变化为 25.26%～25.66%,平均值为 25.46%,$w(Al_2O_3)$ 含量变化为 22.5%～22.9%,平均值为 22.7%;$w(FeO)$ 变化为 33.34%～35.77%,平均值为 33.56%;$w(MgO)$ 变化为 4.66%～5.26%,平均值为 4.96%。G3 的 $w(SiO_2)$ 变化为 22.56%～23.16%,平均值为 22.86%,$w(Al_2O_3)$ 含量变化为 21.24%～21.56%,平均值为 21.40%;$w(FeO)$ 变化为 40.47%～40.51%,平均值为 40.49%;$w(MgO)$ 变化为 1.58%～1.82%,平均值为 1.70%。G4 的 $w(SiO_2)$ 变化为 23.32%～26.08%,平均值为 24.71%,$w(Al_2O_3)$ 含量变化为 21.31%～23.27%,平均值为 22.74%;$w(FeO)$ 变化为 27.62%～33.07%,平均值为 30.53%;$w(MgO)$ 变化为 5.79%～8.78%,平均值为 7.50%。G5 的 $w(SiO_2)$ 变化为 26.07%～28.57%,平均值为 27.18%,$w(Al_2O_3)$ 含量变化为 23.70%～24.48%,平均值为 24.00%;$w(FeO)$ 变化为 30.98%～33.14%,平均值为 32.01%;$w(MgO)$ 变化为 5.15%～5.77%,平均值为 5.38%。总体来看,四类花岗岩中绿泥石的成分变化不是很大。在绿泥石的 Fe vs. Si 分类命名图解上(图 4-14)(以 28 个氧原子为标准换算)(Deer *et al.*,1962),这四类花岗岩都为富铁种

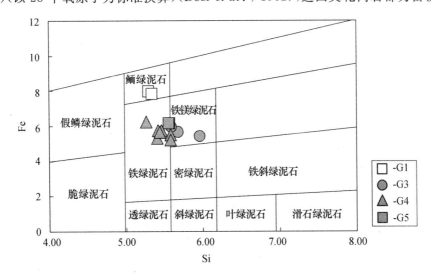

图 4-14　大湖塘燕山期花岗岩绿泥石分类图

(Deer *et al.*,1962)

属,G1 中绿泥石主要为鲕绿泥石,G3～G5 为铁绿泥石,少量具有铁镁绿泥石成分。Inoue(1995)认为在脉状矿床的热液蚀变中,在低氧化、低 pH 的条件下有利于形成富镁绿泥石;而还原环境则有利于形成富铁绿泥石,铁绿泥石的形成还可能与流体的沸腾作用有关。大湖塘地区花岗岩中绿泥石的富铁性质指示形成于还原环境。

绿泥石的基本构成是由两个四面体层夹一个八面体层组成的,其构成通式据(Wiewióra and Weiss,1990)为$(R^{2+}uR^{3+}y\square z)^{VI}(Si4-zAlz)^{IV}O10+w(OH)8-w$,$u+y+z=6$,$z=(y-w-u)/2$,$w$ 为零或很小的值,R^{2+} 代表 Mg^{2+}、Fe^{2+}、Mn^{2+},R^{3+} 代表 Al^{3+}、Fe^{3+}、Cr^{3+} 占据八面体空隙。$\square$代表结构空穴。上标 IV 和 VI 分别表示四次配位与六次配位。Ti、Cr、Fe^{3+} 也会充填四面体空隙(De and Walshe,1993)。绿泥石的矿物化学结构式计算结果表明,大湖塘燕山期花岗岩部分蚀变矿物中绿泥石的$(Al^{VI}+Fe)$ vs. Mg 具有良好的线性负相关关系(图4-15a),相关性等于 0.9218,说明在绿泥石的八面体位置上主要由这 3 种元素占据,同时在该位置 Al^{VI} 和 Fe 均可置换 Mg。

大湖塘燕山期四类花岗岩的绿泥石 Al^{IV} 值为:2.04～2.74,Al^{VI} 值为:3.17～

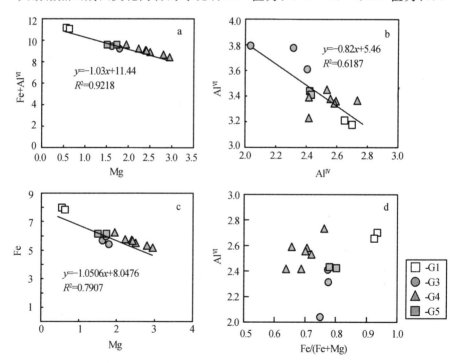

图 4-15 大湖塘花岗岩的绿泥石中主要阳离子间的相关关系图

(Deer *et al*.,1962)

3.79,变化范围不大,Al^{VI}值全都大于 Al^{IV}值,四面体位置上 Al 对 Si 的置换少于八面体位置上 Al 对 Fe 或 Mg 的置换有关,而且,因此 Al^{IV}对 Si 的置换产生的负电荷完全能够被更多的 Al^{VI}对 Fe、Mg 的置换来补偿,这也在一定程度上反映了绿泥石中 Fe^{3+}含量很少。本研究区的绿泥石的 Al 与 Si 置换不属于 Al^{IV}与 Al^{VI}接近于1:1 的钙镁闪石型替代。Al^{IV} vs. Al^{VI}关系(图 4-15b)显示了 Al^{IV}与 Al^{VI}存在一定的负相关性,相关系数接近 0.6187,表明 Al^{IV}与 Al^{VI}的总量基本恒定,Al^{IV}置换 Si 的数量少,那么 Al^{IV}置换 Fe、Mg 的数量就相对多。Fe vs. Mg 的关系图(图 4-15c):$Fe = -1.0506\ Mg + 8.0476(R^2 = 0.7907)$,结合(Al^{VI}+Fe) vs. Mg 关系图表明 Fe 对 Mg 的置换反应是绿泥石八面体位置上最重要的反应,即绿泥石八面体位置上以 Fe 置换 Mg 为主,Al^{VI}置换 Mg 为辅,反映了绿泥石可能产于含铁高的背景中。Al^{IV} vs. Fe/(Fe+Mg)图解显示(图 4-15d),随着 Fe/(Fe+Mg)值的增加,G1、G5的变化不明显,G3 与 G4 的 Al^{IV}值增加,这表明在 Fe 置换 Mg 的过程中,由于绿泥石结构的调整,允许更多的 Al^{IV}置换 Si(Kranidiotis and MacLean, 1987;Xie *et al.*, 1997)。黏土矿物、云母等向绿泥石的转换中常伴随着 Al 对 Si 的置换(Hillier, 1993),该矿床绿泥石中 Fe 对 Mg 的置换有助于绿泥石的成熟化。

四类花岗岩 G1,G3~G5 中绿泥石的 Mg/(Fe+Mg)与 Al/(Al+Fe+Mg)的比值分别为:0.06~0.07,0.41;0.22~0.25,0.44~0.46;0.20~0.22,0.43;0.24~0.36,0.41~0.43。Laird(1988)认为由泥质岩蚀变形成的绿泥石比由镁铁质岩石转化而成的绿泥石具有较高的 Al/(Al+Mg+Fe)比值(>0.35)。本研究区的绿泥石中 Al/(Al+Fe+Mg)的比值都大于等于 0.41,在图 4-16 Al/(Al+Fe+Mg) vs. Mg/(Fe+Mg)中四类岩石的绿泥石样品点都投影于泥质源区的范围。Mg/(Fe+Mg)的比值中只有 G1 的绿泥石值最低为 0.06~0.07,其他三类的绿泥石值为 0.20~0.36,四类花岗岩的绿泥石 Mg/(Fe+Mg)比值都偏低,尤其是 G1 绿泥石值最低,Laird(1988)和 Zang and Fyfe,(1995)认为高 Mg/(Fe+Mg)比值的绿泥石一般产于基性岩中,而低 Mg/(Fe+Mg)比值的绿泥石产于含铁建造中,说明比起其余三类岩,G1 是更富铁质的花岗岩。

绿泥石是一种中-低温压环境下的常见矿物,其成分和结构的变化与形成温度之间的有着紧密的联系,从而受到研究者们的广泛关注,并以绿泥石的结构与成分计算热液蚀变的温度(Cathelineau, 1988;Battaglia, 1999;López-Munguira *et al.*, 2002)。本书利用 Rausell-Colom *et al.*(1991)提出的,后经 Nieto(1997)修改的关系式可用来计算面网间距 d_{001}值,计算公式为:d_{001}(Å)$= 14.339 - 0.115 \times$(Al^{IV})$- 0.0201 \times$(Fe^{2+})(此计算公式中绿泥石的结构式是按 14 个氧原子计算),然后根据 Battaglia(1999)提出的 d_{001}与温度之间的关系方程:$T(℃) =$

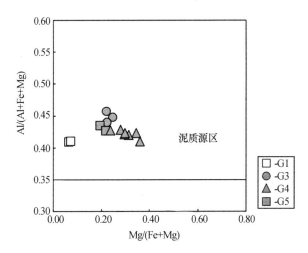

图 4-16　大湖塘花岗岩的绿泥石 Al/(Al＋Mg＋Fe)-Mg/(Fe＋Mg) 相关图

(据 Laird, 1988)

$(14.379-d_{001})/0.001$,计算绿泥石的形成温度。计算结果列于表 4-7 中,得出大湖塘矿区花岗岩中绿泥石的形成温度分别是:G1 为 272～276℃,G3 为 212～239℃,G4 为 232～261℃,G5 为 242℃,这表明大湖塘钨矿床属于中-低温热液矿床类型,绿泥石的矿物特征表明绿泥石的形成与热液流体活动有关,是热液流体溶蚀与围岩中的黑云母、白云母并原地结晶形成的。在 T-Si 图(图 4-17)中,绿泥石的温度与 Si 原子数呈良好的反相关关系,说明形成温度对绿泥石中的 Si 原子数和绿泥石的种类存在控制作用,且属于中-高温绿泥石范畴。

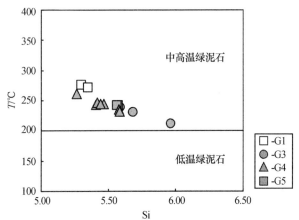

图 4-17　大湖塘花岗岩中绿泥石 T-Si 关系图解

(据薛志远,2009)

表 4-7　湖塘燕山期花岗岩中绿泥石化学组成（wt%）与结构计算

岩石类型	G1		G3		G5					G4				
	zk0-26-2		zk11-5-27		81#-23					zk1-4				
	ch-5-13	ch-5-9	ch-11-8	ch-11-9	ch-4-10	ch-4-12	ch-4-6	ch-6-10	ch-6-11	ch-6-2	ch-6-4	ch-6-5	ch-6-6	ch-6-9
蚀变类型	针状白云母绿泥石化	针状白云母绿泥石化	黑云母斑晶蚀变	黑云母斑晶蚀变	黑云母斑晶蚀变	黑云母斑晶蚀变	黑云母斑晶蚀变	长石中绢云母绿泥石化	长石中绢云母绿泥石化	白云母斑晶蚀变	白云母斑晶蚀变	白云母斑晶蚀变	白云母斑晶蚀变	长石中绢云母绿泥石化
SiO_2	25.66	25.26	22.56	23.16	28.57	26.91	26.07	24.89	26.08	24.49	24.54	24.82	23.32	24.82
TiO_2	0.922	0.367	0.040	0.038	0.126	0.177	0.101	0.096	0.049	0.068	0.030	0.074	0.089	0.161
Al_2O_3	22.90	22.50	21.24	21.56	23.70	24.48	23.82	23.27	23.05	22.76	22.81	22.99	22.96	21.31
FeO	33.77	33.34	40.51	40.47	30.98	31.92	33.14	29.28	30.74	31.05	30.98	30.94	33.07	27.62
MnO	0.256	0.236	0.180	0.184	0.200	0.197	0.270	0.165	0.218	0.263	0.248	0.252	0.318	0.175
MgO	4.66	5.26	1.58	1.82	5.77	5.15	5.38	8.65	7.85	7.27	6.72	7.41	5.79	8.78
CaO	0.050	0.031	0.011	0.008	0.035	0.067	0.032	0.105	0.106	0.12	0.017	0.032	0.062	0.342
Na_2O	0.025	0.047	0.051	0.047	0.07	0.101	0.073	0.095	0.091	0.076	0.049	0.059	0.03	0.144
K_2O	0.198	0.21	0.019	0	0.17	0.708	0.06	0.033	0.028	0.008	0	0	0.023	0.039
BaO	0	0.034	0	0.01	0.009	0	0	0	0.008	0.069	0	0.03	0	0.025
SrO	0.057	0.029	0.006	0	0	0	0	0	0	0.014	0.009	0	0	0.011
SnO_2	0.003	0	0.005	0	0	0	0	0.025	0	0	0.026	0	0	0
WO_3	0	0	0	0	0	0.027	0	0.016	0	0	0	0.06	0	0
F	0.13	0.121	0.124	0.148	0.068	0.082	0.035	0.149	0.086	0.078	0.05	0.059	0.054	0.111
Cl	0.011	0.006	0.018	0	0.016	0.008	0	0.012	0.031	0.021	0.007	0.008	0.021	0.031

续表 4-7

岩石类型	G1		G3		G5			G4						
	zk0-26-2	ch-5-9	zk11-5-27		81#-23		ch-4-6	zk1-4						
	ch-5-13	ch-5-9	ch-11-8	ch-11-9	ch-4-10	ch-4-12	ch-4-6	ch-6-10	ch-6-11	ch-6-2	ch-6-4	ch-6-5	ch-6-6	ch-6-9
蚀变类型	针状白云母绿泥石化	针状白云母绿泥石化	黑云母斑晶蚀变	黑云母斑晶蚀变	黑云母斑晶蚀变	黑云母斑晶蚀变	黑云母斑晶蚀变	长石中绢云母绿泥石化	长石中绢云母绿泥石化	白云母斑晶蚀变	白云母斑晶蚀变	白云母斑晶蚀变	白云母斑晶蚀变	长石中绢云母绿泥石化
total	88.63	87.45	86.32	87.47	89.72	89.80	89.01	86.79	88.34	86.28	85.49	86.73	85.74	83.57
氧原子数	28	28	28	28	28	28	28	28	28	28	28	28	28	28
Si	5.577	5.568	5.299	5.348	5.964	5.686	5.592	5.408	5.582	5.417	5.467	5.442	5.264	5.584
Al^{IV}	2.423	2.432	2.701	2.652	2.036	2.314	2.408	2.592	2.418	2.583	2.533	2.558	2.736	2.416
Al^{VI}	3.438	3.408	3.174	3.209	3.790	3.776	3.609	3.363	3.392	3.345	3.451	3.379	3.368	3.231
Ti	0.151	0.061	0.007	0.007	0.020	0.028	0.016	0.016	0.008	0.011	0.005	0.012	0.015	0.027
Fe^{2+}	6.138	6.146	7.959	7.815	5.407	5.640	5.944	5.321	5.503	5.745	5.771	5.675	6.243	5.196
Mn	0.047	0.044	0.036	0.036	0.035	0.035	0.049	0.030	0.040	0.049	0.047	0.047	0.061	0.033
Mg	1.508	1.730	0.552	0.627	1.796	1.621	1.721	2.803	2.506	2.396	2.233	2.421	1.948	2.946
Ca	0.012	0.007	0.003	0.002	0.008	0.015	0.007	0.024	0.024	0.028	0.004	0.008	0.015	0.082
Na	0.011	0.020	0.023	0.021	0.028	0.041	0.030	0.040	0.038	0.033	0.021	0.025	0.013	0.063
K	0.055	0.059	0.006	0.000	0.045	0.191	0.016	0.009	0.008	0.002	0.000	0.000	0.007	0.011
cations	19.360	19.475	19.760	19.717	19.129	19.347	19.392	19.606	19.519	19.609	19.532	19.567	19.670	19.589
CF	0.179	0.169	0.184	0.216	0.090	0.110	0.047	0.205	0.116	0.109	0.070	0.082	0.077	0.158
CCl	0.008	0.004	0.000	0.014	0.011	0.006	0.000	0.009	0.023	0.016	0.005	0.006	0.016	0.024
Fe/(Fe+Mg)	0.800	0.780	0.940	0.930	0.750	0.780	0.780	0.650	0.690	0.710	0.720	0.700	0.760	0.640
Mg/(Fe+Mg)	0.200	0.220	0.060	0.070	0.250	0.220	0.220	0.350	0.310	0.290	0.280	0.300	0.240	0.360
温度	242	242	276	272	212	230	239	243	235	247	244	245	261	232

大湖塘燕山期与钨矿形成有关的花岗岩的绿泥石化蚀变对于钨矿的形成可能具有重要的意义。在绿泥石化过程中,花岗岩中的黑云母、白云母和热液反应形成绿泥石。绿泥石形成可能是岩浆演化后期热液活动的证据,还原条件下钨可以更多地进入成矿热液。

4.4　本章小结

九岭大湖塘地区的五种花岗岩 G1～G5 开展了锆石 LA-ICP-MS U-Pb 定年工作,获得的$^{206}Pb/^{238}U$ 加权平均年龄分别为$(144.0\pm0.6)Ma$、$(134.6\pm1.2)Ma$、$(133.7\pm0.5)Ma$、$(130.3\pm1.1)Ma$ 与$(129.3\pm0.6)Ma$、$(130.7\pm1.1)Ma$,代表了大湖塘地区早白垩世的岩浆活动至少持续了 14 Ma。大湖塘燕山期四类花岗岩(G1、G3、G4 和 G5)中的黑云母都属于铁叶云母。G4 具有高钛低 Al^{VI} 含量,G5 具低钛高 Al^{VI} 含量的特点,G1 花岗岩的 FeO 含量最高,Fe_2O_3 的含量最低,且 $Fe^{3+}/(Fe^{3+}+Fe^{2+})$ 比值也比其他三种花岗岩低,G1 的岩浆环境应该是最具还原性质的。四类花岗的黑云母挥发分(F、Cl)含量较高,尤其是 F 含量较高。在 Fe^{3+}-Fe^{2+}-Mg^{2+} 的三元图解中,G1 的样品点均落在 Fe_2SiO_4-SiO_2-Fe_3O_4 缓冲剂线下,显示了最低的氧逸度环境;G3 与 G5 的样品点落于 Fe_3O_4-Fe_2O_3 缓冲线与 Ni-NiO 缓冲线之间,显示了相对较高的氧逸度环境;G4 的样品点落于 Ni-NiO 缓冲线与 Fe_2SiO_4-SiO_2-Fe_3O_4 缓冲剂线之间,反映了其氧化还原性质介于 G1 与 G3、G5 之间。本书的白云母数据及图解也说明了白云母的地球化学特征区分原生与次生白云母不具有普遍性。这四类花岗岩都为富铁种属绿泥石,G1 中绿泥石主要为鲕绿泥石,G3～G5 为铁绿泥石,少量具有铁镁绿泥石成分。大湖塘地区花岗岩中绿泥石的富铁性质指示形成于还原环境。大湖塘矿区花岗岩中绿泥石的形成温度分别是:G1 为 272～276℃,G3 为 212～239℃,G4 为 232～261℃,G5 为 242℃,这表明大湖塘钨矿床属于中-低温热液矿床类型,绿泥石的矿物特征表明绿泥石的形成与热液流体活动有关,是热液流体蚀变交代岩石中的黑云母、白云母形成的。

第 5 章　大湖塘燕山期花岗岩的地球化学特征

5.1　全岩主量与微量元素

　　大湖塘花岗岩岩体 G1～G5 的 25 个样品的主量和微量元素分析结果见表 5-1。从表 5-1 中可看出,花岗岩 G1～G5 在主量元素组成上具有富硅富碱的特征,样品的 SiO_2 含量变化是 72.27％～75.19％,具有较高的 P_2O_5 含量 0.15％～0.36％;花岗岩 G1～G5 的 $K_2O+Na_2O=7.36％～8.62％$,G2 相对富钠,G1,G3～G5 相对富钾。在 Q'-ANOR 图解中(图 5-1a),基本所有样品点都位于碱性长石花岗岩的范畴,除了 G2 的一个样品位于正长花岗岩的范围。所有样品点都位于 A. R. vs. SiO_2 图解中碱性的区域(图 5-1b),在图 5-1c 中,所有样品都位于过铝质的范围内 A/CNK $[Al_2O_3/(CaO+Na_2O+K_2O)]=1.00～1.29$,且 G1,G3～G5 都位于强过铝质范围 A/CNK＝1.16～1.29,G2 的 A/CNK 为 1.00～1.21。根据 Watson and Harrison (1983)的锆饱和测温法计算样品的锆饱和温度范围是 666～760℃(表 5-1)。

　　花岗岩的结晶分异过程可以揭示岩浆演化过程中的物理条件以及潜在信息。Förster *et al.*(1999)和 Breiter(2012)认为运用 $1/TiO_2$ 优于使用 SiO_2 来指示花岗岩岩浆的结晶分异过程。Ti 很少受到后期变质作用影响而迁移,全岩中 TiO_2 的含量能够随着结晶分异过程连续且平滑的降低(Förster *et al.*,1999),因此在图 5-3 中,以 $1/TiO_2$ 为分异指数展现与成岩有关的重要元素的变化图解。由图 5-3 可以看出,主量与微量元素的样品点分布为三种趋势:a)G1 花岗岩;b)G2 花岗岩;c)G3～G5 花岗岩。G1 与 G3～G5 起源于类似的岩浆源区,但是有着不同的结晶分异趋势。花岗岩 G2 的演化趋势 b 的起点与 a、c 的起点不同,说明 G2 的岩浆源区的成分与 G1,G3～G5 有所区别。相对 G3～G5,花岗岩 G1 中 Ba,Sr,Rb,U,Y 和 Pb 元素的含量随着结晶分异的进行变化明显,但是 Fe_2O_3,MgO,Zr,La 和 Th 的含量变化并不明显。G4 作为设定的最接近原始岩浆的端元,具有较高的 K_2O,Fe_2O_3,MgO,Ba,Sr,Zr,Y,La 和 Th,明显较低的 Rb 和 U 含量,相对于 G3 和 G5 来说 G4 的结晶分异过程不明显。G3 的结晶分异趋势比其他四种花岗岩要明显,随着结晶分异的进行,G3 中大部分主量和微量元素都在平稳递减,只有 Rb 和 U 含量平稳增加。G5 的结晶分异程度介于 G3 与 G4 之间。

表 5-1　大湖塘花岗岩主量元素（w）和微量、稀土元素（$\times 10^{-6}$）分析结果

岩石类型	81#-12	zk0-26-1	zk0-26-2	zk0-26-3	zk8-3-11	zk8-3-13	zk8-3-14	zk8-3-15	zk108-2-1	zk108-2-2	zk108-2-4	zk11-2-12	zk11-5-25	zk11-5-27
	G1	G1	G1	G1	G2	G2	G2	G2	G3	G3	G3	G3	G3	G3
SiO_2	74.00	72.52	72.88	73.33	72.27	73.14	74.87	72.51	73.50	72.94	73.62	74.31	73.03	73.89
TiO_2	0.15	0.17	0.18	0.16	0.11	0.10	0.10	0.09	0.05	0.08	0.06	0.11	0.16	0.17
Al_2O_3	13.91	14.21	14.27	14.02	15.53	14.01	14.41	14.51	14.54	14.80	14.67	14.31	14.61	14.34
Fe_2O_3 (total)	1.25	1.36	1.47	1.50	1.19	1.09	1.14	1.01	0.79	1.10	0.80	1.02	1.26	1.35
FeO	0.88	1.10	1.12	1.10	0.76	0.85	0.86	0.77	0.68	0.79	0.70	0.78	0.95	1.06
MnO	0.04	0.04	0.04	0.04	0.06	0.05	0.04	0.03	0.05	0.05	0.04	0.06	0.03	0.03
MgO	0.33	0.32	0.30	0.31	0.11	0.20	0.22	0.22	0.21	0.25	0.21	0.28	0.35	0.34
CaO	0.74	0.75	0.59	0.73	0.65	0.73	0.62	1.02	0.54	0.65	0.56	0.73	0.82	0.85
Na_2O	2.91	3.70	3.69	2.92	4.81	5.29	4.23	5.95	3.87	3.40	3.71	3.63	3.45	3.35
K_2O	4.97	4.39	4.27	4.77	3.40	3.07	3.54	2.67	4.09	4.73	4.15	4.36	4.70	4.42
P_2O_5	0.23	0.29	0.29	0.25	0.35	0.33	0.33	0.32	0.36	0.32	0.30	0.35	0.23	0.25
LOI	1.34	1.50	1.56	1.59	1.47	1.20	1.37	1.02	1.37	1.45	1.47	1.27	1.60	1.59
total	99.86	99.24	99.56	99.61	99.94	99.19	100.87	99.36	99.37	99.78	99.59	100.43	100.24	100.58
A.R.	3.32	3.35	3.31	3.18	3.06	3.62	3.14	3.49	3.24	3.22	3.13	3.26	3.23	3.09
A/CNK	1.21	1.16	1.21	1.24	1.21	1.05	1.21	1.00	1.23	1.24	1.26	1.19	1.19	1.21
Li	712	270	301	233	492	556	417	422	412	656	522	478	615	736
Be	7.51	19.1	12.9	10.1	4.18	3.16	2.30	2.46	2.80	11.4	4.06	27.9	7.71	6.17
Sc	3.75	4.49	4.97	4.41	5.10	4.19	4.27	3.69	3.14	3.48	3.93	4.35	3.49	3.80
Ti	1398	1492	1685	1487	868	940	515	753	438	718	730	1034	1364	1561
V	10.6	11.9	12.7	11.6	5.08	6.19	3.41	6.46	1.72	3.82	4.71	9.72	13.5	14.5
Cr	6.76	6.09	10.0	6.67	4.09	8.59	11.63	5.66	6.91	3.35	5.41	6.53	49.8	12.2
Mn	346	325	359	333	475	381	197	224	374	457	440	475	250	254

续表 5-1

岩石类型	81#-12	zk0-26-1	zk0-26-2	zk0-26-3	zk8-3-11	zk8-3-13	zk8-3-14	zk8-3-15	zk108-2-1	zk108-2-2	zk108-2-4	zk11-2-12	zk11-5-25	zk11-5-27
	G1	G1	G1	G1	G2	G2	G2	G2	G3	G3	G3	G3	G3	G3
Co	1.47	1.62	1.67	1.67	0.93	1.41	0.84	1.05	0.37	0.63	0.74	1.23	2.23	2.02
Ni	3.51	2.72	4.65	3.40	1.72	5.03	6.31	3.34	3.38	1.59	2.78	3.20	24.80	6.04
Cu	93.4	103.1	6.07	395	48.7	72.7	172	99.5	171	89.7	98.8	62.1	54.0	107
Zn	97.0	96.1	75.9	158	110	73.3	39.1	50.5	133	95.5	125	48.9	91.3	114
Ga	26.4	30.4	33.7	32.3	27.0	22.7	16.2	18.8	27.2	28.6	33.2	26.4	28.3	30.1
Rb	804	616	571	707	570	462	371	350	532	621	730	790	618	653
Sr	40.3	24.9	21.7	36.7	142	136	79.8	117	14.3	15.3	27.4	48.2	39.0	33.5
Y	9.29	12.6	13.3	11.5	8.44	8.99	6.27	7.71	6.85	8.31	9.69	9.99	9.60	9.69
Zr	87.8	91.1	98.3	88.5	49.2	46.1	28.1	39.8	33.5	38.4	45.8	55.0	90.0	91.2
Nb	14.6	18.5	19.6	16.6	24.0	22.5	13.9	16.2	11.7	15.1	15.9	15.9	8.45	9.28
Mo	1.31	1.22	1.86	0.97	0.83	1.46	0.36	1.15	0.39	0.54	5.39	0.87	0.61	1.27
Cd	0.28	0.47	0.16	0.89	1.74	0.71	0.41	0.40	0.27	0.17	0.17	0.19	0.15	0.20
Sn	78.2	81.6	52.7	65.8	66.6	52.5	71.2	51.8	83.7	51.3	88.9	90.6	82.7	108
Cs	246	184	178	177	428	394	284	348	218	258	245	421	265	334
Ba	174	79.6	45.2	136	153	112	91.9	135	25.9	26.8	74.1	127	135	132
La	22.7	21.3	23.3	22.5	7.52	8.02	5.28	6.16	4.05	7.12	7.79	11.1	18.8	21.8
Ce	48.9	50.4	54.0	53.4	17.5	18.8	12.6	14.7	9.48	16.5	18.2	24.1	42.8	48.0
Pr	5.54	5.61	6.26	5.89	1.97	2.11	1.40	1.68	1.10	1.83	1.99	2.55	4.67	5.32
Nd	20.0	20.6	23.5	20.9	7.29	7.86	5.14	6.05	3.85	6.53	7.15	9.38	17.2	19.4
Sm	4.43	4.94	5.46	5.00	2.12	2.21	1.44	1.74	1.34	1.88	2.07	2.19	3.77	4.15
Eu	0.40	0.28	0.21	0.35	0.11	0.15	0.11	0.13	0.07	0.09	0.18	0.30	0.32	0.35
Gd	3.22	3.72	4.15	3.46	1.91	2.09	1.42	1.73	1.38	1.88	2.08	1.92	2.75	3.05
Tb	0.40	0.49	0.57	0.43	0.30	0.33	0.24	0.29	0.24	0.30	0.35	0.29	0.36	0.40

续表 5-1

岩石类型	81#-12	zk0-26-1	zk0-26-2	zk0-26-3	zk8-3-11	zk8-3-13	zk8-3-14	zk8-3-15	zk108-2-1	zk108-2-2	zk108-2-4	zk11-2-12	zk11-5-25	zk11-5-27
	G1	G1	G1	G1	G2	G2	G2	G2	G3	G3	G3	G3	G3	G3
Dy	2.29	2.94	3.36	2.71	1.94	2.02	1.39	1.76	1.61	1.87	2.18	2.05	2.01	2.22
Ho	0.37	0.51	0.57	0.46	0.32	0.33	0.23	0.29	0.25	0.31	0.37	0.38	0.37	0.41
Er	0.89	1.26	1.39	1.10	0.79	0.83	0.59	0.73	0.63	0.77	0.90	1.02	0.95	1.06
Tm	0.12	0.17	0.18	0.14	0.11	0.12	0.08	0.11	0.09	0.11	0.13	0.15	0.13	0.14
Yb	0.70	1.01	1.04	0.85	0.67	0.74	0.51	0.66	0.55	0.64	0.75	0.91	0.81	0.85
Lu	0.10	0.13	0.15	0.12	0.09	0.10	0.07	0.09	0.07	0.09	0.10	0.13	0.12	0.13
Hf	3.19	3.44	3.84	3.25	2.22	2.10	1.35	1.93	1.74	1.89	2.23	2.20	3.18	3.38
Ta	3.59	5.58	6.11	4.53	10.3	10.0	6.13	8.10	3.77	4.57	5.28	10.18	2.71	2.88
W	58.1	33.1	27.9	102	167	245	208	112	355	103	228	41.1	115	280
Pb	31.0	22.7	20.0	25.7	22.8	23.1	15.2	19.9	18.7	22.5	27.7	22.7	27.3	26.0
Bi	1.83	5.93	4.06	7.45	1.75	6.09	4.21	1.86	0.57	2.88	8.11	2.78	0.88	1.81
Th	20.1	19.4	21.1	20.3	5.97	6.37	4.20	5.06	3.40	6.23	5.97	7.50	16.3	17.5
U	11.6	17.6	18.1	15.9	20.9	21.5	15.9	18.7	19.6	16.8	18.2	17.3	15.2	12.4
Rb/Sr	20	25	26	19	4	3	5	3	37	41	27	16	16	20
Zr/Hf	28	26	26	27	22	22	21	21	19	20	21	25	28	27
U/Th	0.6	0.9	0.9	0.8	3.5	3.4	3.8	3.7	5.8	2.7	3.1	2.3	0.9	0.7
Y/Ho	25	25	23	25	26	27	27	27	27	27	26	26	26	24
$10000\times$ Ga/Al	3.59	4.05	4.46	4.35	3.29	3.07	2.12	2.45	3.53	3.65	4.28	3.48	3.66	3.96
ΣREE	110	113	124	117	42.7	45.8	30.5	36.1	24.7	39.9	44.2	56.4	95.0	107
La_N/Yb_N	23.3	15.1	16.0	19.0	8.08	7.81	7.39	6.70	5.32	7.94	7.47	8.71	16.7	18.3
Eu/Eu*	0.31	0.19	0.13	0.24	0.16	0.21	0.23	0.23	0.17	0.15	0.27	0.43	0.29	0.28
M	1.17	1.24	1.19	1.15	1.21	1.38	1.18	1.48	1.16	1.16	1.13	1.20	1.21	1.18
T_{Zr}/℃	751	750	760	754	704	689	666	672	679	689	704	713	751	754

续表 5-1

岩石类型	zk-1-4	zk-1-5	zk-1-6	zk-1-9	zk-1-10	zk-1-11	zk-1-13	81#-23	81#-24	81#-25	81#-26
	G4	G4	G4	G4	G4	G4	G4	G5	G5	G5	G5
SiO_2	73.48	73.79	73.08	73.30	73.90	74.07	73.00	74.87	73.80	75.19	73.98
TiO_2	0.16	0.16	0.15	0.16	0.15	0.15	0.16	0.10	0.11	0.13	0.13
Al_2O_3	14.02	13.99	13.92	13.62	13.74	14.11	14.47	13.59	13.98	13.50	13.85
Fe_2O_3(total)	1.34	1.33	1.33	1.31	1.29	1.28	1.35	1.01	1.04	1.28	1.16
FeO	1.10	0.94	1.12	0.69	1.08	1.15	1.16	0.87	0.90	1.02	0.97
MnO	0.03	0.03	0.03	0.03	0.03	0.03	0.03	0.03	0.03	0.04	0.03
MgO	0.37	0.33	0.36	0.37	0.36	0.34	0.36	0.24	0.26	0.32	0.29
CaO	0.71	0.70	0.72	0.45	0.67	0.72	0.71	0.63	0.67	0.61	0.82
Na_2O	3.42	3.23	3.48	3.24	3.28	3.43	2.95	3.01	2.96	2.51	2.89
K_2O	4.74	4.72	4.62	4.96	4.80	4.75	5.00	4.66	5.07	4.84	5.09
P_2O_5	0.22	0.22	0.23	0.21	0.22	0.23	0.22	0.19	0.18	0.18	0.15
LOI	1.46	1.27	1.35	1.78	1.84	1.51	1.88	1.20	1.31	1.37	1.36
Total	99.96	99.76	99.27	99.43	100.28	100.61	100.13	99.52	99.40	99.97	99.75
A.R.	3.49	3.35	3.48	3.80	3.55	3.46	3.20	3.34	3.42	3.18	3.39
A/CNK	1.16	1.20	1.16	1.18	1.16	1.16	1.25	1.22	1.21	1.29	1.18
Li	153	164	158	127	164	150	563	165	192	129	182
Be	8.71	9.23	8.43	8.05	9.61	9.16	34.1	18.2	3.96	3.93	3.05
Sc	4.26	3.96	4.40	4.05	4.46	3.46	4.14	2.74	3.56	2.35	3.43
Ti	1459	1378	1434	1438	1409	1230	1374	713	965	739	1096
V	12.8	11.9	12.1	12.2	12.9	10.9	12.4	6.71	8.43	8.25	12.1
Cr	13.2	10.3	16.6	10.4	10.3	6.51	5.80	9.44	13.2	11.1	10.4
Mn	254	237	259	252	256	198	220	186	269	196	249
Co	1.93	1.94	1.84	1.80	1.94	1.56	1.69	1.00	1.86	1.23	1.99
Ni	6.95	6.11	8.39	6.35	4.89	2.97	2.57	6.05	6.82	5.68	4.51

74

续表 5-1

岩石类型	zk-1-4	zk-1-5	zk-1-6	zk-1-9	zk-1-10	zk-1-11	zk-1-13	81#-23	81#-24	81#-25	81#-26
	G4	G4	G4	G4	G4	G4	G4	G5	G5	G5	G5
Cu	4.10	3.76	3.82	5.18	3.31	0.99	3.23	138	556	174	98.0
Zn	53.3	194	58.9	54.5	55.5	42.9	42.8	47.6	68.5	48.5	76.5
Ga	27.5	26.3	28.1	24.5	26.5	24.3	25.4	20.4	27.8	18.6	25.1
Rb	472	458	488	457	473	447	499	473	575	387	519
Sr	46.1	55.6	41.7	55.3	46.2	42.0	65.2	29.7	39.9	29.7	49.9
Y	13.3	13.5	14.0	12.9	13.1	12.2	13.5	7.03	9.31	6.34	9.87
Zr	80.8	82.4	86.3	82.1	86.0	75.5	83.6	39.9	50.0	43.7	61.7
Nb	12.1	11.9	12.9	11.6	11.2	11.2	11.3	11.5	12.9	8.01	11.0
Mo	1.77	0.92	0.96	0.78	1.02	0.59	0.54	0.87	2.91	11.5	71.8
Cd	0.10	0.11	0.09	0.08	0.09	0.07	0.08	0.12	0.33	0.14	0.21
Sn	22.2	23.8	23.9	19.3	23.0	21.5	23.1	40.1	53.5	37.5	40.0
Cs	92.0	97.8	94.0	139	105	119	406	112	100	55.0	60.0
Ba	160	148	150	166	166	142	167	97.3	145	101	161
La	18.5	16.8	17.3	17.6	18.5	14.6	16.7	8.02	10.9	8.39	12.2
Ce	43.1	40.7	41.6	41.3	43.5	34.9	39.2	17.5	24.4	18.0	28.0
Pr	4.74	4.45	4.72	4.68	4.84	3.94	4.11	1.87	2.58	1.96	2.99
Nd	17.9	16.8	17.4	17.0	17.6	14.4	14.4	6.67	9.34	7.05	11.20
Sm	4.58	4.31	4.51	4.32	4.57	3.74	3.75	1.60	2.34	1.66	2.46
Eu	0.38	0.35	0.37	0.36	0.41	0.30	0.36	0.22	0.34	0.24	0.35
Gd	3.85	3.61	3.81	3.69	3.76	3.16	3.42	1.50	2.12	1.51	2.23
Tb	0.53	0.51	0.54	0.53	0.56	0.45	0.51	0.24	0.32	0.23	0.34
Dy	3.23	3.05	3.28	3.13	3.14	2.77	2.95	1.53	2.08	1.42	2.03
Ho	0.57	0.54	0.59	0.55	0.56	0.49	0.53	0.27	0.37	0.25	0.35
Er	1.42	1.31	1.40	1.34	1.45	1.19	1.32	0.65	0.90	0.61	0.91

续表 5-1

| 岩石类型 | zk-1-4 | zk-1-5 | zk-1-6 | zk-1-9 | zk-1-10 | zk-1-11 | zk-1-13 | 81#-23 | 81#-24 | 81#-25 | 81#-26 |
	G4	G4	G4	G4	G4	G4	G4	G5	G5	G5	G5
Tm	0.19	0.17	0.19	0.18	0.19	0.16	0.17	0.09	0.13	0.09	0.12
Yb	1.14	1.06	1.12	1.10	1.12	0.94	1.04	0.61	0.81	0.52	0.77
Lu	0.16	0.15	0.16	0.16	0.16	0.14	0.16	0.09	0.11	0.08	0.11
Hf	3.27	3.13	3.35	3.20	3.26	2.89	3.07	1.62	2.21	1.60	2.26
Ta	2.59	2.45	2.67	2.34	2.52	2.56	2.33	5.74	7.29	3.44	5.10
W	9.62	12.0	8.35	9.34	11.3	7.44	188	12.2	10.6	13.9	24.9
Pb	29.4	26.3	29.3	25.5	29.8	26.9	32.3	29.0	40.0	20.8	39.4
Bi	1.77	4.12	3.11	1.51	2.84	0.49	1.61	22.5	15.8	20.7	10.5
Th	15.3	13.3	14.3	13.8	15.0	12.3	14.3	5.99	7.69	5.26	8.82
U	13.4	12.3	13.6	13.0	13.1	13.2	13.1	11.4	13.7	7.59	12.0
Rb/Sr	10	8	12	8	10	11	8	16	14	13	10
Zr/Hf	25	26	26	26	26	26	27	25	23	27	27
U/Th	0.9	0.9	0.9	0.9	0.9	1.1	0.9	1.9	1.8	1.4	1.4
Y/Ho	23	25	24	23	23	25	26	26	25	26	28
10000×Ga/Al	3.71	3.55	3.81	3.40	3.64	3.25	3.31	2.83	3.76	2.60	3.42
ΣREE	100	93.9	97.1	95.9	100	81.1	88.6	40.9	56.8	42.0	64.1
La_N/Yb_N	11.6	11.3	11.1	11.5	11.9	11.1	11.5	9.46	5.72	11.6	11.4
Eu/Eu^*	0.27	0.27	0.26	0.27	0.29	0.26	0.30	0.42	0.45	0.46	0.45
M	1.23	1.19	1.24	1.20	1.22	1.23	1.15	1.15	1.17	1.08	1.20
$T_{Zr}/℃$	741	745	745	744	746	736	749	693	708	704	721

注：LOI，是烧失量，A. R. =$[Al_2O_3+CaO+(Na_2O+K_2O)]/[Al_2O_3+CaO-(Na_2O+K_2O)]$(质量分数)；A/CNK=$Al_2O_3/(CaO+Na_2O+K_2O)$(物质的量比值)，$Eu/Eu^* = Eu_N/[(Sm_N)×(Gd_N)]^{0.5}$，$T_{Zr}=12900/(2.95+0.85×M+lnD^{Zr,zircon/melt})$(Watson and Harrison,1983)，$D^{Zr,zircon/melt}=49600/全$岩中的锆含量，$M=(Na+K+2×Ca)/(Al×Si)$(阳离子数比率)。

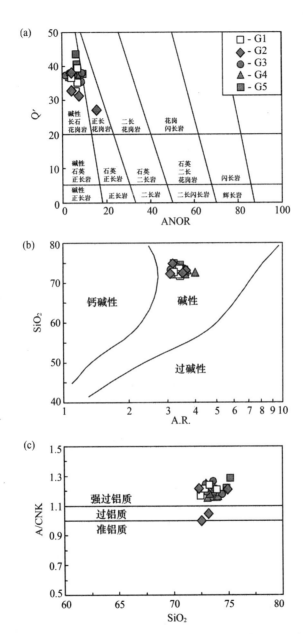

图 5-1　(a)大湖塘花岗杂岩体的 Q′-ANOR 分类图解,Q′=100×Q/(Q+Or+Ab+An),
ANOR=100×An/(Or+An);(b)大湖塘花岗杂岩体的 A. R. vs. SiO₂ 图解,A. R.(碱度比
率)=[Al₂O₃＋CaO＋(Na₂O＋K₂O)]/[Al₂O₃＋CaO－(Na₂O＋K₂O)](w%);(c)大湖塘花岗
杂岩体的 SiO₂ vs. A/CNK 图解,A/CNK=[Al₂O₃/(CaO＋Na₂O＋K₂O)](物质的量浓度)

(a)图(据 Streckeisen and Le Maitre,1979);(b)图(据 Wright,1969)

　　该大湖塘五种花岗岩样品 G1～G5 的稀土元素组成特征总体表现为稀土总量很低,ΣREE 变化在(24～124)×10^{-6},这可能是因为锆石和磷灰石的结晶分离,和(或)在岩浆演化阶段的晚期 REE 随着 F-REE、Cl-REE 的络合物进入流体引起的(Taylor *et al.*,1981)。在球粒陨石标准化的稀土元素配分模式图上(图 5-2a,c,e,g,i),稀土元素表现出右倾斜的配分特征。大湖塘花岗杂岩体 G1,G3～G5 具有低Ba、Sr 和高 Rb、Rb/Sr(8～41)的特征,但是 G2 的 Rb/Sr(3～5)稍低于其他四种花岗岩。总体上大湖塘花岗岩样品属于轻稀土富集轻重稀土分馏强烈,可能是由于磷灰石和锆石的结晶分离分别引起 MREE 和 HREE 的降低。具有强烈的 Eu 负异常,Eu/Eu* = 0.13～0.46,可能由于源区部分熔融时残留斜长石导致了 Eu 的强烈负异常。G1,G2,G4 和 G5 样品表现出相对狭窄的变化范围,(La/Yb)$_\mathrm{N}$值较高分别是 9.5～11.6,11.1～11.9,15.1～23.3 和 6.7～8.1,相对来说 G3 花岗岩变化较大 5.3～18.3(表 5-1,图 5-2c)。这五种类型的花岗岩具有类似的微量元素分布模式,原始地幔标准化的微量元素图解显示了 G1～G5 花岗岩的 Ba,Nd,Sr,Ti 和 Zr 的负异常以及 Rb,U 和 Ta 的正异常。

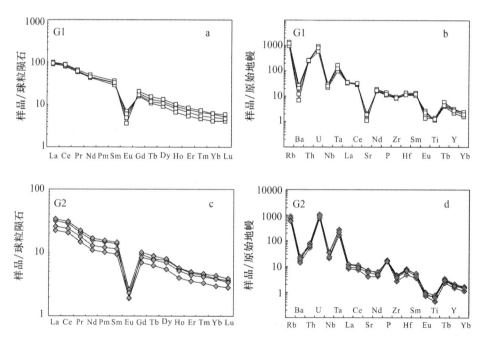

图 5-2　大湖塘花岗杂岩体的稀土元素配分图(a,c,e,g,i)以及微量元素蛛网图(b,d,f,h,j)
球粒陨石数据引自(Boynton,1984),原始地幔数据引自(McDonough and Sun,1995)

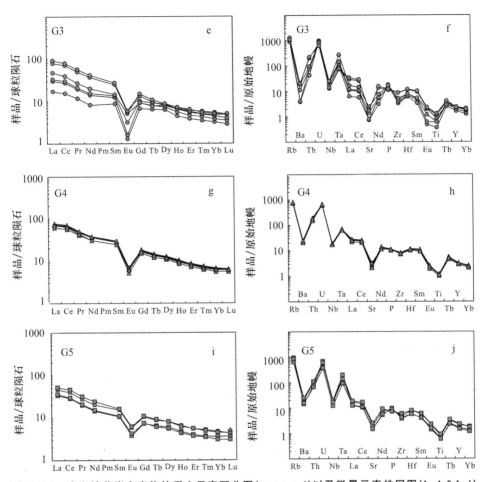

续图 5-2 大湖塘花岗杂岩体的稀土元素配分图(a,c,e,g,i)以及微量元素蛛网图(b,d,f,h,j)

球粒陨石数据引自(Boynton,1984),原始地幔数据引自(McDonough and Sun,1995)

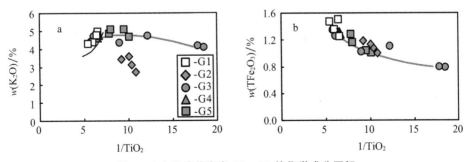

图 5-3 大湖塘花岗岩 G1～G5 的化学成分图解

$1/TiO_2$ 是花岗岩岩浆结晶分异过程最有效的指标

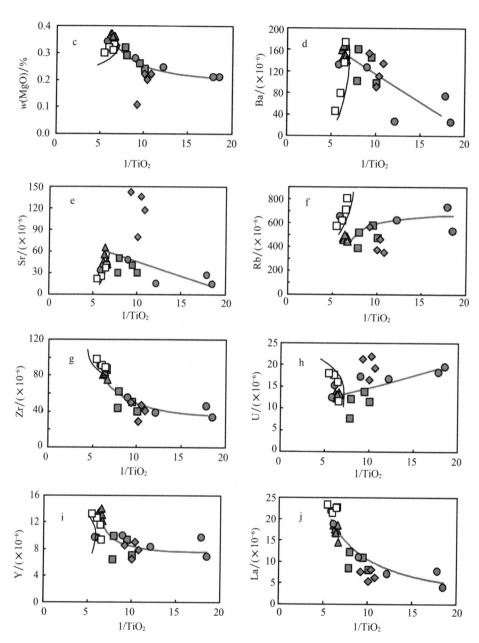

续图 5-3　大湖塘花岗岩 G1～G5 的化学成分图解

$1/TiO_2$ 是花岗岩岩浆结晶分异过程最有效的指标

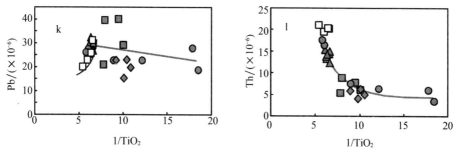

续图 5-3　大湖塘花岗岩 G1～G5 的化学成分图解

$1/TiO_2$ 是花岗岩岩浆结晶分异过程最有效的指标

5.2　全岩 Sr-Nd 同位素

对大湖塘花岗岩 G1～G5 样品进行了 Sr-Nd 同位素分析，计算结果分别见表 5-2。计算 Sr-Nd 同位素时，分别用了 4.2 章节中的相对应的年龄数据。G1～G5 有着非常大的 $^{87}Sr/^{86}Sr$ 初始值的范围为 0.680113～0.788563，甚至有些值已经低于 MORB 的 $^{87}Sr/^{86}Sr$ 初始值。可能由于这些花岗岩样品具有较高的 Rb 含量，Rb、Sr 含量的测试误差以及年代学的测试误差会对样品的 $^{87}Sr/^{86}Sr$ 的初始值具有较大的影响，已经失去示踪的意义（Romer et al.，2012）。通过 ICP-MS 测得的元素含量计算得到的 G1～G5 的 $^{147}Sm/^{144}Nd$ 值分别为 0.134～0.145、0.170～0.176、0.129～0.210、0.155～0.158、0.133～0.152，测得的 G1～G5 的 $^{143}Nd/^{144}Nd$ 值分别为 0.512174～0.512202、0.512194～0.512236、0.512140～0.512227、0.512220～0.512299、0.512203～0.512240，由此计算得到的 G1～G5 的 $\varepsilon_{Nd}(t)$ 值变化范围分别为 -7.89～-7.55、-7.45～-8.20、-9.37～-7.04、-7.51～-5.92、-7.74～-6.71，利用两阶段模式（Liew and Hofmann，1988）计算出的 Nd 同位素模式年龄 t_{DM}^{C} 分别为 1550～1578 Ma、1534～1595 Ma、1501～1689 Ma、1406～1536 Ma、1470～1554 Ma。

5.3　锆石 Hf 同位素

原位 Hf 同位素分析结果见表 5-3。锆石颗粒具有低的 $^{176}Lu/^{177}Hf$ 比值（0.000545～0.00475），表明锆石在形成之后只有低的放射性 Hf 同位素的累积。G1～G5 的 $\varepsilon_{Hf}(t)$ 值的变化范围从 -8.44 至 -2.13，平均值分别为 -5.20、-5.31、-4.31、-4.97 和 -4.98（表 5-3）。通过假设平均大陆地壳的 $^{176}Lu/^{177}Hf=0.015$

表 5-2 大湖塘燕山期花岗杂岩体的 Sr-Nd 同位素组成结果

sample/NO.	rock type	Sm/ (×10⁻⁶)	Nd/ (×10⁻⁶)	$\frac{^{147}Sm}{^{144}Nd}$	$\frac{^{143}Nd}{^{144}Nd}$	2σ	$\varepsilon_{Nd}(0)$	$\varepsilon_{Nd}(t)$	t_{DM}^{C}/Ma	Rb/ (×10⁻⁶)	Sr/ (×10⁻⁶)	$\frac{^{87}Rb}{^{86}Sr}$	$\frac{^{87}Sr}{^{86}Sr}$	2σ	$(^{87}Sr/^{86}Sr)_i$
81#-12	G1	4.43	20.0	0.134	0.512174	0.000003	-9.05	-7.89	1578	804	40.3	57.8	0.805423	20	0.689458
zk0-26-1	G1	4.94	20.6	0.145	0.512202	0.000007	-8.51	-7.55	1550	616	24.9	71.6	0.828931	17	0.685182
zk0-26-2	G1	5.46	23.5	0.140	0.512190	0.000004	-8.74	-7.71	1563	571	21.7	76.1	0.832992	21	0.680113
zk0-26-3	G1	5.00	20.9	0.144	0.512190	0.000008	-8.74	-7.78	1569	707	36.7	55.8	0.801814	47	0.689903
zk8-3-11	G2	2.12	7.29	0.176	0.512229	0.000007	-7.98	-7.62	1548	570	142	11.6	0.767632	4	0.745863
zk8-3-13	G2	2.21	7.86	0.170	0.512232	0.000007	-7.92	-7.47	1535	462	136	9.8	0.764491	7	0.746077
zk8-3-14	G2	1.44	5.14	0.170	0.512194	0.000006	-8.66	-8.20	1595	371	79.8	13.4	0.772901	6	0.747693
zk8-3-15	G2	1.74	6.05	0.174	0.512236	0.000007	-7.84	-7.45	1534	350	117	8.6	0.764308	6	0.748086
zk108-2-1	G3	1.34	3.85	0.210	0.512170	0.000014	-9.13	-9.37	1689	532	14.3	108	0.905059	26	0.703522
zk108-2-2	G3	1.88	6.53	0.174	0.512183	0.000006	-8.88	-8.49	1618	621	15.3	118	0.901788	46	0.682258
zk108-2-4	G3	2.07	7.15	0.175	0.512227	0.000010	-8.02	-7.65	1550	730	27.4	77.2	0.932722	438	0.788563
zk11-2-12	G3	2.19	9.38	0.141	0.512140	0.000008	-9.71	-8.77	1641	790	48.2	47.4	0.802112	26	0.713491
zk11-5-25	G3	3.77	17.2	0.133	0.512206	0.000004	-8.43	-7.33	1524	618	39.0	45.9	0.793049	13	0.707250
zk11-5-27	G3	4.15	19.4	0.129	0.512218	0.000004	-8.19	-7.04	1501	653	33.5	56.4	0.799105	19	0.693667
zk-1-4	G4	4.58	17.9	0.155	0.512231	0.000008	-7.94	-7.25	1514	472	46.1	29.6	0.768154	15	0.714454
zk-1-5	G4	4.31	16.8	0.155	0.512299	0.000015	-6.61	-5.92	1406	458	55.6	23.8	0.760997	11	0.717804
zk-1-6	G4	4.51	17.4	0.156	0.512251	0.000010	-7.55	-6.88	1484	488	41.7	33.8	0.773064	6	0.711710
zk-1-9	G4	4.32	17.0	0.154	0.512233	0.000004	-7.90	-7.19	1510	457	55.3	23.9	0.770447	12	0.727041
zk-1-10	G4	4.57	17.6	0.157	0.512231	0.000006	-7.94	-7.28	1517	473	46.2	29.7	0.766922	10	0.713132
zk-1-11	G4	3.74	14.4	0.157	0.512240	0.000007	-7.76	-7.11	1503	447	42.0	30.9	0.76946	13	0.713526
zk-1-13	G4	3.75	14.4	0.158	0.512220	0.000004	-8.15	-7.51	1536	499	65.2	22.2	0.760324	6	0.720166
81#-23	G5	1.60	6.67	0.145	0.512214	0.000005	-8.27	-7.42	1528	473	29.7	46.0	0.792343	18	0.708934
81#-24	G5	2.34	9.34	0.152	0.512203	0.000007	-8.49	-7.74	1554	575	39.9	41.7	0.793233	67	0.717718
81#-25	G5	1.66	7.05	0.142	0.512220	0.000006	-8.15	-7.25	1514	387	29.7	37.7	0.785084	11	0.716685
81#-26	G5	2.46	11.2	0.133	0.512240	0.000005	-7.76	-6.71	1470	519	49.9	30.1	0.778592	27	0.724015

表5-3　大湖塘花岗岩杂岩体锆石的 Hf 同位素组成

spot	age/Ma	$^{176}Yb/^{177}Hf$ ratio	$^{176}Lu/^{177}Hf$ ratio	$^{176}Hf/^{177}Hf$ ratio	2σ	$\varepsilon_{Hf}(0)$	$\varepsilon_{Hf}(t)$	2σ	t_{DM}/Ma	t_{DM}^{C}/Ma	$f_{Lu/Hf}$
zk0-26-3 G1											
zk0-26-3-3	144	0.050311	0.001719	0.282611	0.000016	−6.15	−3.12	0.57	925	1363	−0.95
zk0-26-3-4	144	0.034445	0.001175	0.282579	0.000014	−7.29	−4.21	0.48	957	1432	−0.97
zk0-26-3-5	144	0.023479	0.000833	0.282507	0.000012	−9.81	−6.70	0.43	1048	1589	−0.98
zk0-26-3-6	144	0.080557	0.002525	0.282538	0.000016	−8.74	−5.78	0.58	1053	1531	−0.92
zk0-26-3-7	144	0.050006	0.001510	0.282589	0.000014	−6.92	−3.87	0.51	951	1411	−0.96
zk0-26-3-8	144	0.041453	0.001338	0.282578	0.000017	−7.33	−4.26	0.58	963	1435	−0.96
zk0-26-3-9	144	0.062397	0.001958	0.282532	0.000014	−8.95	−5.94	0.49	1045	1541	−0.94
zk0-26-3-10	144	0.053180	0.001763	0.282639	0.000016	−5.16	−2.13	0.56	886	1301	−0.95
zk0-26-3-11	144	0.030280	0.001001	0.282544	0.000010	−8.51	−5.41	0.37	1001	1507	−0.97
zk0-26-3-13	144	0.076197	0.002348	0.282604	0.000051	−6.39	−3.41	1.79	951	1382	−0.93
zk0-26-3-14	144	0.069785	0.002224	0.282581	0.000015	−7.20	−4.22	0.52	981	1433	−0.93
zk0-26-3-16	144	0.036134	0.001188	0.282564	0.000012	−7.82	−4.74	0.42	979	1465	−0.96
zk0-26-3-17	144	0.044657	0.001416	0.282563	0.000014	−7.86	−4.80	0.51	986	1469	−0.96
zk0-26-3-18	144	0.045082	0.001476	0.282626	0.000015	−5.62	−2.56	0.54	898	1328	−0.96
zk0-26-3-21	144	0.068630	0.002255	0.282507	0.000016	−9.85	−6.87	0.57	1091	1599	−0.93
zk0-26-3-H01	144	0.059496	0.001949	0.282527	0.000014	−9.12	−6.11	0.49	1052	1552	−0.94
zk0-26-3-H02	144	0.043496	0.001410	0.282537	0.000022	−8.78	−5.71	0.77	1023	1527	−0.96
zk0-26-3-H03	144	0.033841	0.001114	0.282527	0.000017	−9.11	−6.02	0.62	1028	1546	−0.97
zk0-26-3-H04	144	0.054038	0.001889	0.282543	0.000014	−8.55	−5.53	0.51	1027	1515	−0.94
zk0-26-3-H05	144	0.085988	0.002903	0.282464	0.000017	−11.4	−8.44	0.61	1173	1698	−0.91

续表 5-3

spot	age/Ma	^{176}Yb/^{177}Hf ratio	^{176}Lu/^{177}Hf ratio	^{176}Hf/^{177}Hf ratio	2σ	$\varepsilon_{Hf}(0)$	$\varepsilon_{Hf}(t)$	2σ	t_{DM}/Ma	t_{DM}^{C}/Ma	$f_{Lu/Hf}$
zk0-26-3-H06	144	0.070698	0.002512	0.282531	0.000018	−8.99	−6.03	0.65	1063	1547	−0.93
zk0-26-3-H07	144	0.018782	0.000678	0.282547	0.000014	−8.40	−5.27	0.51	988	1499	−0.98
zk0-26-3-H08	144	0.019781	0.000719	0.282553	0.000015	−8.19	−5.06	0.54	981	1486	−0.98
zk0-26-3-H09	144	0.092498	0.003085	0.282551	0.000015	−8.27	−5.37	0.53	1050	1505	−0.91
zk0-26-3-H10	144	0.077618	0.002482	0.282483	0.000017	−10.7	−7.71	0.59	1131	1652	−0.93
zk0-26-3-H11	144	0.087582	0.002682	0.282537	0.000013	−8.78	−5.84	0.47	1059	1534	−0.92
zk8-3-14 G2											
zk8-3-14-1	134.6	0.067260	0.002495	0.282566	0.000018	−7.75	−4.99	0.64	1011	1474	−0.93
zk8-3-14-2	134.6	0.031442	0.001005	0.282591	0.000015	−6.87	−3.97	0.52	936	1410	−0.97
zk8-3-14-3	134.6	0.035621	0.001199	0.282526	0.000023	−9.16	−6.27	0.81	1032	1555	−0.96
zk8-3-14-4	134.6	0.025103	0.000865	0.282612	0.000013	−6.12	−3.20	0.45	903	1361	−0.97
zk8-3-14-5	134.6	0.044524	0.001324	0.282515	0.000014	−9.55	−6.68	0.51	1052	1580	−0.96
zk8-3-14-6	134.6	0.049945	0.001602	0.282554	0.000017	−8.15	−5.31	0.61	1003	1494	−0.95
zk8-3-14-7	134.6	0.061674	0.002039	0.282572	0.000022	−7.53	−4.72	0.77	989	1457	−0.94
zk8-3-14-8	134.6	0.053630	0.001696	0.282493	0.000019	−10.3	−7.50	0.66	1094	1632	−0.95
zk8-3-14-9	134.6	0.054428	0.001705	0.282636	0.000016	−5.27	−2.43	0.56	889	1312	−0.95
zk8-3-14-10	134.6	0.084298	0.002603	0.282556	0.000036	−8.10	−5.34	1.28	1029	1496	−0.92
zk8-3-14-11	134.6	0.123362	0.003533	0.282592	0.000017	−6.83	−4.16	0.58	1002	1422	−0.89
zk8-3-14-12	134.6	0.064140	0.001863	0.282621	0.000015	−5.80	−2.98	0.53	914	1347	−0.94
zk8-3-14-13	134.6	0.061854	0.001925	0.282473	0.000018	−11.0	−8.23	0.63	1129	1677	−0.94
zk8-3-14-14	134.6	0.080155	0.002427	0.282502	0.000029	−10.0	−7.23	1.02	1102	1615	−0.93

续表 5-3

spot	age/Ma	$^{176}\mathrm{Yb}/^{177}\mathrm{Hf}$ ratio	$^{176}\mathrm{Lu}/^{177}\mathrm{Hf}$ ratio	$^{176}\mathrm{Hf}/^{177}\mathrm{Hf}$ ratio	2σ	$\varepsilon_{\mathrm{Hf}}(0)$	$\varepsilon_{\mathrm{Hf}}(t)$	2σ	$t_{\mathrm{DM}}/\mathrm{Ma}$	$t_{\mathrm{DM}}^{\mathrm{C}}/\mathrm{Ma}$	$f_{\mathrm{Lu/Hf}}$
zk8-3-14-15	134.6	0.06895	0.002001	0.282561	0.000013	−7.92	−5.11	0.44	1004	1481	−0.94
zk8-3-14-16	134.6	0.046457	0.001476	0.282505	0.000021	−9.91	−7.05	0.73	1070	1604	−0.96
zk8-3-14-17	134.6	0.109841	0.002986	0.282565	0.000018	−7.78	−5.06	0.64	1026	1478	−0.91
zk11-5-27 G3											
zk11-5-27-1	134	0.048456	0.001586	0.282589	0.000013	−6.93	−4.09	0.45	953	1417	−0.95
zk11-5-27-8	134	0.070219	0.002281	0.282614	0.000016	−6.04	−3.27	0.55	935	1365	−0.93
zk11-5-27-9	134	0.024139	0.000845	0.282519	0.000014	−9.40	−6.50	0.51	1032	1568	−0.97
zk11-5-27-17	134	0.047901	0.001622	0.282575	0.000015	−7.43	−4.60	0.54	974	1449	−0.95
zk11-5-27-18	134	0.060393	0.002039	0.282585	0.000019	−7.07	−4.27	0.67	971	1428	−0.94
zk11-5-27-22	134	0.037292	0.001285	0.282559	0.000018	−8.00	−5.14	0.63	988	1483	−0.96
zk11-5-27-25	134	0.026232	0.000917	0.282587	0.000019	−7.01	−4.11	0.67	939	1418	−0.97
zk11-5-27-26	134	0.065982	0.002196	0.282576	0.000017	−7.38	−4.60	0.61	988	1449	−0.93
zk11-5-27-27	134	0.069558	0.002310	0.282578	0.000018	−7.30	−4.53	0.64	987	1445	−0.93
zk11-5-27-30	134	0.045313	0.001558	0.282624	0.000018	−5.69	−2.85	0.64	902	1338	−0.95
zk11-5-27-32	134	0.051211	0.001715	0.282593	0.000014	−6.78	−3.96	0.50	950	1408	−0.95
zk11-5-27-G01	134	0.062787	0.002068	0.282619	0.000015	−5.88	−3.08	0.52	922	1353	−0.94
zk11-5-27-G02	134	0.063159	0.002070	0.282632	0.000015	−5.41	−2.62	0.53	904	1324	−0.94
zk11-5-27-G03	134	0.048969	0.001600	0.282561	0.000019	−7.91	−5.08	0.69	993	1479	−0.95
zk11-5-27-G04	134	0.057543	0.001890	0.282593	0.000015	−6.78	−3.97	0.54	955	1409	−0.94
zk11-5-27-G05	134	0.056611	0.001934	0.282602	0.000014	−6.49	−3.68	0.51	944	1391	−0.94
zk11-5-27-G06	134	0.069581	0.002255	0.282570	0.000034	−7.60	−4.83	1.20	998	1463	−0.93

续表 5-3

spot	age/Ma	^{176}Yb/^{177}Hf ratio	^{176}Lu/^{177}Hf ratio	^{176}Hf/^{177}Hf ratio	2σ	$\varepsilon_{Hf}(0)$	$\varepsilon_{Hf}(t)$	2σ	t_{DM}/Ma	t_{DM}^{C}/Ma	$f_{Lu/Hf}$
zk11-5-27-G07	134	0.073664	0.002405	0.282548	0.000021	−8.37	−5.61	0.74	1034	1513	−0.93
zk11-5-27-G08	134	0.088893	0.002867	0.282535	0.000033	−8.85	−6.13	1.15	1067	1545	−0.91
zk11-5-27-G09	134	0.064191	0.002132	0.282572	0.000019	−7.54	−4.75	0.66	992	1458	−0.94
zk11-5-27-G10	134	0.043068	0.001487	0.282590	0.000019	−6.91	−4.07	0.67	950	1415	−0.96
zk11-5-27-G11	134	0.069630	0.002340	0.282579	0.000021	−7.28	−4.51	0.74	987	1443	−0.93
zk11-5-27-G12	134	0.050441	0.001628	0.282615	0.000017	−6.03	−3.19	0.60	918	1360	−0.95
zk11-5-27-G13	134	0.045783	0.001568	0.282640	0.000018	−5.13	−2.30	0.64	880	1304	−0.95
zk11-5-27-G14	134	0.062532	0.002068	0.282578	0.000015	−7.31	−4.52	0.53	981	1444	−0.94
zk11-5-27-G15	134	0.048068	0.001607	0.282628	0.000014	−5.54	−2.71	0.48	898	1330	−0.95
zk11-5-27-G16	134	0.051811	0.001718	0.282617	0.000014	−5.93	−3.11	0.50	916	1355	−0.95
zk11-5-27-G17	134	0.072873	0.002464	0.282476	0.000026	−10.9	−8.16	0.93	1141	1672	−0.93
zk11-5-27-G18	134	0.047895	0.001522	0.282555	0.000028	−8.12	−5.28	1.00	999	1491	−0.95
zk11-5-27-G19	134	0.042122	0.001375	0.282600	0.000014	−6.56	−3.70	0.49	933	1392	−0.96
zk1-4 G4											
zk1-4-3	130	0.065654	0.002259	0.282503	0.000016	−9.98	−7.29	0.55	1096	1615	−0.93
zk1-4-10	130	0.093055	0.003065	0.282589	0.000019	−6.94	−4.32	0.68	993	1428	−0.91
zk1-4-11	130	0.110508	0.003723	0.282541	0.000020	−8.63	−6.06	0.71	1084	1538	−0.89
zk1-4-12	130	0.140221	0.004327	0.282547	0.000020	−8.43	−5.91	0.72	1094	1528	−0.87
zk1-4-13	130	0.131959	0.004224	0.282500	0.000036	−10.1	−7.56	1.26	1163	1632	−0.87
zk1-4-14	130	0.067333	0.002274	0.282527	0.000026	−9.13	−6.44	0.92	1062	1562	−0.93
zk1-4-15	130	0.105690	0.003475	0.282593	0.000014	−6.80	−4.21	0.51	999	1421	−0.90

续表 5-3

spot	age/Ma	^{176}Yb/^{177}Hf ratio	^{176}Lu/^{177}Hf ratio	^{176}Hf/^{177}Hf ratio	2σ	$\varepsilon_{Hf}(0)$	$\varepsilon_{Hf}(t)$	2σ	t_{DM}/Ma	t_{DM}^{C}/Ma	$f_{Lu/Hf}$
zk1-4-16	130	0.113364	0.003684	0.282607	0.000019	−6.30	−3.73	0.67	983	1391	−0.89
zk1-4-18	130	0.130609	0.004377	0.282584	0.000017	−7.10	−4.59	0.61	1038	1445	−0.87
zk1-4-20	130	0.103931	0.003382	0.282582	0.000017	−7.16	−4.57	0.61	1012	1444	−0.90
zk1-4-G01	130	0.125448	0.004133	0.282610	0.000016	−6.18	−3.65	0.57	991	1386	−0.88
zk1-4-G02	130	0.083999	0.002778	0.282575	0.000019	−7.44	−4.79	0.66	1006	1458	−0.92
zk1-4-G03	130	0.102911	0.003425	0.282595	0.000017	−6.71	−4.11	0.59	993	1415	−0.90
zk1-4-G04	130	0.147197	0.004750	0.282553	0.000029	−8.22	−5.74	1.04	1099	1518	−0.86
zk1-4-G05	130	0.047551	0.001601	0.282586	0.000015	−7.03	−4.28	0.53	958	1426	−0.95
zk1-4-G06	130	0.109777	0.003626	0.282560	0.000020	−7.95	−5.37	0.72	1052	1494	−0.89
zk1-4-G07	130	0.119553	0.003954	0.282595	0.000023	−6.72	−4.17	0.80	1009	1419	−0.88
zk1-4-G08	130	0.140285	0.004310	0.282583	0.000020	−7.15	−4.63	0.71	1038	1448	−0.87
zk1-4-G09	130	0.134259	0.004546	0.282592	0.000028	−6.81	−4.31	0.99	1030	1428	−0.86
zk1-4-G10	130	0.105300	0.003116	0.282588	0.000019	−6.98	−4.36	0.68	996	1431	−0.91
zk1-4-G11	130	0.051214	0.001782	0.282587	0.000016	−7.01	−4.28	0.56	961	1425	−0.95
81#-23 G5											
81#-23-3	130	0.058048	0.001994	0.282582	0.000017	−7.18	−4.47	0.60	974	1438	−0.94
81#-23-4	130	0.049037	0.001668	0.282603	0.000017	−6.45	−3.71	0.61	936	1390	−0.95
81#-23-5	130	0.044759	0.001493	0.282582	0.000021	−7.19	−4.43	0.74	961	1435	−0.96
81#-23-6	130	0.061728	0.002097	0.282623	0.000016	−5.73	−3.03	0.57	917	1347	−0.94
81#-23-7	130	0.055073	0.001815	0.282567	0.000015	−7.72	−4.99	0.52	991	1470	−0.95
81#-23-8	130	0.029228	0.001122	0.282532	0.000017	−8.94	−6.15	0.59	1022	1544	−0.97

续表 5-3

spot	age/Ma	$^{176}Yb/^{177}Hf$ ratio	$^{176}Lu/^{177}Hf$ ratio	$^{176}Hf/^{177}Hf$ ratio	2σ	$\varepsilon_{Hf}(0)$	$\varepsilon_{Hf}(t)$	2σ	t_{DM}/Ma	t_{DM}^{C}/Ma	$f_{Lu/Hf}$
81#-23-9	130	0.043848	0.001564	0.282595	0.000015	−6.71	−3.96	0.53	944	1405	−0.95
81#-23-10	130	0.030642	0.001121	0.282601	0.000015	−6.51	−3.72	0.53	925	1391	−0.97
81#-23-11	130	0.056368	0.002108	0.282576	0.000013	−7.41	−4.70	0.47	986	1452	−0.94
81#-23-12	130	0.040212	0.001501	0.282555	0.000021	−8.14	−5.38	0.73	1000	1495	−0.96
81#-23-13	130	0.051982	0.001846	0.282603	0.000014	−6.45	−3.72	0.49	940	1390	−0.95
81#-23-14	130	0.029895	0.001096	0.282585	0.000018	−7.06	−4.27	0.63	946	1425	−0.97
81#-23-G01	130	0.023189	0.000924	0.282570	0.000013	−7.61	−4.81	0.47	964	1459	−0.97
81#-23-G02	130	0.016458	0.000545	0.282493	0.000013	−10.3	−7.47	0.46	1060	1627	−0.98
81#-23-G03	130	0.027625	0.001042	0.282505	0.000015	−9.89	−7.10	0.51	1057	1603	−0.97
81#-23-G04	130	0.041863	0.001521	0.282539	0.000012	−8.69	−5.93	0.42	1022	1530	−0.95
81#-23-G05	130	0.047102	0.001743	0.282573	0.000020	−7.51	−4.78	0.69	981	1457	−0.95
81#-23-G06	130	0.024719	0.000939	0.282546	0.000013	−8.46	−5.66	0.47	998	1512	−0.97
81#-23-G07	130	0.047903	0.001719	0.282602	0.000016	−6.46	−3.72	0.57	938	1391	−0.95
81#-23-G08	130	0.039366	0.001411	0.282617	0.000016	−5.95	−3.19	0.56	909	1357	−0.96
81#-23-G09	130	0.033642	0.001264	0.282594	0.000017	−6.77	−3.99	0.59	939	1407	−0.96
81#-23-G10	130	0.038049	0.001346	0.282480	0.000013	−10.8	−8.02	0.46	1102	1661	−0.96
81#-23-G11	130	0.117036	0.003894	0.282585	0.000013	−7.08	−4.53	0.46	1023	1441	−0.88
81#-23-G12	130	0.027210	0.001008	0.282486	0.000014	−10.6	−7.77	0.48	1083	1645	−0.97

(Griffin *et al*.,2002),可以计算得到两阶段模式年龄(t_{DM}^{C}),从而得到岩浆源岩的信息,G1 至 G5 的 Hf 同位素两阶段的模式年龄变化范围是 1301～1698 Ma(表 5-3)。图 5-4 显示 G1、G3～G5 的 Hf 同位素两阶段的模式年龄呈正态分布,G1 两阶段模式年龄的峰值在 1500～1550 Ma,G3～G5 的峰值为 1400～1450,G2 的 Hf 同位素两阶段模式年龄的平均值为 1494 Ma,但是在图 5-4c,d 上,G2 的 $\varepsilon_{Hf}(t)$ 值具有双峰为 $-7.5～-7,-5.5～-5$,Hf 同位素两阶段模式年龄也具有双峰为 1450～1500 Ma,1600～1650 Ma。

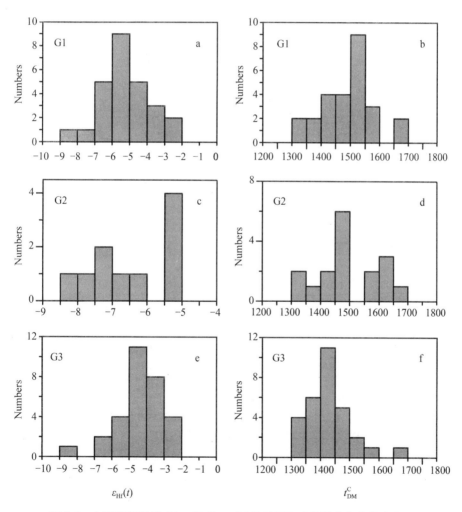

图 5-4　大湖塘花岗岩 G1～G5 的 $\varepsilon_{Hf}(t)$ 值以及两阶段模式年龄值直方图

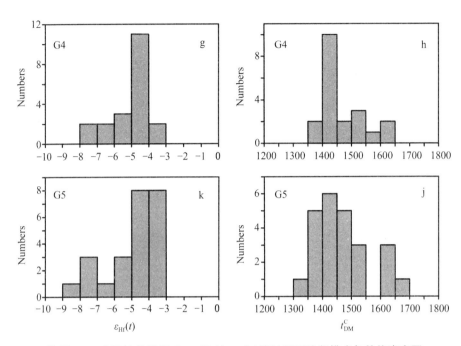

续图 5-4 大湖塘花岗岩 G1~G5 的 $\varepsilon_{Hf}(t)$ 值以及两阶段模式年龄值直方图

5.4 本章小结

花岗岩 G1~G5 在主量元素组成上具有富硅富碱的特征,样品的 SiO_2 含量变化是 72.27%~75.19%,具有较高的 P_2O_5 含量 0.15%~0.36%,$K_2O+Na_2O=$ 7.36%~8.62%,$A/CNK[Al_2O_3/(CaO+Na_2O+K_2O)]=1.00~1.29$,锆饱和温度范围是 666~760℃。主量与微量元素的样品点分布为三种趋势:a)G1 花岗岩;b)G2 花岗岩;c)G3~G5 花岗岩。G1 与 G3~G5 起源于类似的岩浆源区,但是有着不同的结晶分异趋势。花岗岩 G2 的演化趋势 b 的起点与 a、c 的起点不同,说明 G2 的岩浆源区的成分与 G1,G3~G5 有所区别。该大湖塘五种花岗岩样品 G1~G5 的稀土元素组成特征总体表现为稀土总量很低,ΣREE 变化为 $(24~124)\times10^{-6}$,稀土元素表现出右倾斜的配分特征。大湖塘花岗杂岩体 G1,G3~G5 具有低 Ba、Sr 和高 Rb、Rb/Sr(8~41)的特征,但是 G2 的 Rb/Sr(3~5)稍低于其他四种花岗岩,具有强烈的 Eu 负异常,$Eu/Eu^*=0.13~0.46$。计算得到的 G1~G5 的 $\varepsilon_{Nd}(t)$ 值变化范围分别为 $-7.89~-7.55$、$-7.45~-8.20$、$-9.37~-7.04$、$-7.51~-5.92$、$-7.74~-6.71$,计算出的 Nd 同位素模式年龄 t_{DM}^C 分别,1550~1578 Ma、

1534～1595 Ma、1501～1689 Ma、1406～1536 Ma、1470～1554 Ma。G1～G5 的 $\varepsilon_{Hf}(t)$
值的变化范围从－8.44 至－2.13,平均值分别为－5.20、－5.31、－4.31、－4.97
和－4.98。G1 至 G5 的 Hf 同位素两阶段的模式年龄变化范围是 1301～1698Ma。
G1、G3～G5 的 Hf 同位素两阶段的模式年龄呈正态分布,G1 两阶段模式年龄的峰
值在 1500～1550 Ma,G3～G5 的峰值为 1400～1450 Ma,G2 的 Hf 同位素两阶段
模式年龄的平均值为 1494 Ma,G2 的 $\varepsilon_{Hf}(t)$ 值具有双峰为－7.5～－7,－5.5～－5,
Hf 同位素两阶段模式年龄也具有双峰为 1450～1500 Ma,1600～1650 Ma。

第6章 大湖塘燕山期花岗岩岩石成因讨论

6.1 花岗岩类型

自 I-、S-、A-、M-型花岗岩的概念被拟定以来,学者们提出多种地球化学方法来区分这几种花岗岩类型(Chappell and White,1974;Pitcher,1983;Whalen *et al.*,1987;Chappell and Stephens,1988;Champion and Chappell,1992;Pitcher,1993;Landenberger and Collins,1996;King *et al.*,1997;Chappell and White,2001;King *et al.*,2001;Clemens,2003)。但运用地球化学方法并不总能清楚地区分这些花岗岩的岩石类型、构造环境和源区性质。例如:澳大利亚 Lachlan 褶皱带的高分异的 I-型花岗岩与该区一些 S-型花岗岩的成分就有相同之处(Chappell and Stephens,1988;Chappell and White,1992;Chappell,1999;Chappell *et al.*,2012)。同样的,Wangetti 的高分异 S-型花岗岩富集 Nb 和 Ga(达到了 $25\sim35$ ppm)具有 A-型花岗岩的性质(Champion and Bultitude,2013)。显然,地球化学判别图对于高分异的花岗岩可能会失效,因为这类岩石的主量元素与矿物成分趋于低共熔的单一成分(King *et al.*,1997)。

大湖塘花岗岩 G1、G3～G5 是强过铝质的(G2 是过铝质的),高硅碱性花岗岩(图 5-1b,c),这些特征指示 G1～G5 应属于 S-型花岗岩。这五种花岗岩没发现堇青石但具有原生白云母(图 4-10)。在(Na_2O+K_2O)-Ga/Al 判别图中(图 6-1a)中(Whalen *et al.*,1987),G1～G5 几乎都落在 A-型花岗岩的判别区域,但在(K_2O+Na_2O)/CaO-(Zr+Nb+Y+Ce)判别图中,它们却落在高分异型的区域(图 6-1b)。那么大湖塘花岗岩不是 I-型的,是 S-型还是 A-型的呢? Whalen *et al.*(1987)提出了判别 A-型花岗岩的图解,同时也提出高分异长英质的 I-型和 S-型花岗岩的 Ga/Al 率、主量以及微量元素的成分变化范围可能会与 A-型的重叠。但在图 6-1b中,(K_2O+Na_2O)/CaO vs. (Zr+Nb+Ce+Y)图解有效的区分了高分异 S-型与 A-型花岗岩,G1～G5 样品都落在了分异型花岗岩的区域。同样的,Sylvester(1989)提出了运用(Al_2O_3+CaO)/($FeO^*+Na_2O+K_2O$) vs. 100($MgO+FeO^*+TiO_2$)/SiO_2 图解判别高分异的 I-型和 A-型花岗岩。虽然高分异的 S-、I-型花岗岩具有 A-型花岗岩的性质,但是仍然可以通过岩石学、地球化学性质以及有效的判别图区分它们。

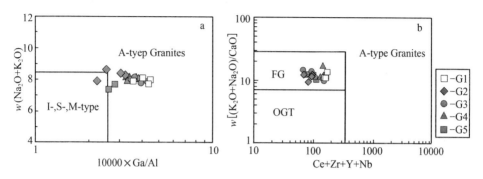

图 6-1　Na₂O＋K₂O 与 10000×Ga/Al 判别图(a)和(K₂O＋Na₂O)/CaO 与(Ce＋Zr＋Y＋Nb)判别图(b)

(据 Whalen *et al.*,1987)

FC.分异型的长英质花岗岩;OGT.未分异的 I-,S-和 M-型花岗岩

G1～G5 有着相对低含量的 REE(表 5-1),锆含量的范围为 28～98 ppm,远低于低钙型花岗岩中锆含量的平均值 175 ppm(Turekian and Wedepohl,1961)。根据 Watson and Harrison(1983)的锆饱和温度算法,计算了 G1～G5 的锆饱和温度为666～760℃(表 5-1)。Ferreira *et al.*(2003)认为锆饱和温度能够反映岩浆演化早期的温度。但是,大湖塘花岗岩 G1～G5 的锆石阴极发光照片(CL)以及锆石的U-Pb 定年,都显示花岗岩中含有作为核的或者是独立颗粒存在的继承锆石,说明岩浆演化早阶段的温度要低于用锆饱和方法计算得来的温度的最低值。那么花岗岩岩体中锆饱和温度的下限值用来表示形成花岗岩 G1～G5 的最高温度,分别为:693℃、666℃、735℃、679℃ 和 750℃,这五种花岗岩都有着相对低的温度。G1～G5 除了以上性质以外,这五种花岗岩都含有原生白云母且贫黑云母,含原生白云母的花岗岩很可能是地壳岩石在富水的环境中深融而来的(Barbarin,1996,1999)。而且,这五种花岗岩强烈的富集大离子亲石元素 Li、Rb、Cs、Ta、Sn 和 W,具有较低的 Ca、Ti、Mg、Sr、Ba、Hf 和 REE 含量。然而,A-型花岗岩是贫水的,而且富集高场强元素(HFSEs)如 Zr、Nb、Y、REE 和 Ga,且形成温度较高(Collins *et al.*,1982;Eby,1992;Landenberger and Collins,1996;Whalen *et al.*,1996)。大湖塘花岗岩的低 HFSEs,低温以及富水的特征显示它们应该是 S-型花岗岩而不是A-型。本研究的五种花岗岩 G1～G5 应为高分异的 S-型花岗岩。高分异的性质同样能被 Rb/Sr(8～41),Zr/Hf(19～28)和 U/Th(0.6～5.8)分异指数反映,且在图5-3 的元素变化图解中,主量与微量元素与 1/TiO₂ 的相关性也说明了存在三种不

同的岩浆结晶分异趋势:G1,G2 和 G3～G5。

6.2　物质来源

过铝质的 S-型花岗岩是变质沉积岩部分熔融形成的(Koester et al.,2002;Jiang et al.,2011)。岩浆中铝元素的富集主要通过三个途径:①闪石类矿物的结晶分异,源区可以是铝不饱和的(Zen,1986;Chappell et al.,2012);②地壳条件下,玄武至安山质岩石的部分熔融(Ellis and Thompson,1986);③富铝的变质沉积岩(如千枚岩,片岩)的部分熔融(Nabelek and Glascock,1995;Sylvester,1998)。但是,通过前两种途径产生的岩浆一般具有弱过铝质到准铝质的特征,且含有高 Sr 含量值(Zen,1986;Gaudemer et al.,1988),这些特征和大湖塘的这五种花岗岩的性质是不符的。大湖塘花岗岩的绝大多数样品具强过铝质的特点,且 G1、G3、G4 和 G5 的 Sr 含量只有 14.3～65.2 ppm,高 Rb 含量为 387～804 ppm。虽然 G2 的 Sr 含量为 79.8～142 ppm,不具低 Sr 的特点,但是 Rb 含量仍然很高 371～570 ppm。因此,这五种花岗岩的岩浆应该都来源于富铝质的变质沉积岩。高 Rb 含量可能说明了源区富含白云母(刘英俊等,1984)。

实验岩石学认为强过铝质花岗岩岩浆中的 CaO/Na_2O 比值指示了不同源区的部分熔融:变质泥岩演化而来的 S-型花岗岩熔体趋于具有低的 CaO/Na_2O 比值(< 0.3),而砂岩演化而来的 S-花岗岩具有较高的 CaO/Na_2O 比值(>0.3)(Sylvester,1998;Jung and Pfänder,2007)。大湖塘的花岗岩杂岩体都具有较低的 CaO/Na_2O (<0.3)和较高的 Rb/Ba,具有典型的泥质源区的特征(图 6-2)。富泥质的沉积岩和砂岩相比,泥质沉积岩含有较少的碎屑锆石(Patchett et al.,1984),研究区的花岗岩 Zr 含量都非常低,进一步证实了它们很可能来源于泥质源区。

双桥山群(包含页岩、千枚岩、凝灰岩和砂岩)的 Nd 同位素组成的演化区间可以用前人的研究结果确定(Ling et al.,1992;马长信和项新葵,1993;李献华,1996;Chen and Jahn,1998;张海祥等,2000),如图 6-3a 所示。大湖塘花岗杂岩体的 Nd 同位素的变化范围在－8.77～－6.71,位于双桥山群岩石的 Nd 同位素的演化区间内,略高于华南元古代地壳的 Nd 同位素演化(图 6-3a)。在图 6-3b 中,大湖塘的花岗岩样品具有低的 $\varepsilon_{Hf}(t)$ 和 $\varepsilon_{Nd}(t)$ 值,接近全球沉积岩区域。五种花岗岩的 Nd 同位素初始值的变化范围都比较窄,但是锆石 Hf 同位素的变化范围从－8.44 到－2.13,具有 $\varepsilon_{Hf}(t)$ 的正态分布(图 5-4a,c,e,g,i)。虽然 G1～G5 的 $\varepsilon_{Nd}(t)$ 值有着相同的变化范围,但是 G3～G5 的 $\varepsilon_{Hf}(t)$ 的峰值为－5～－3 高于 G1 的 $\varepsilon_{Hf}(t)$ 的峰值－6～－5,而 G2 具有两个峰值分别是－7.5～－7 与－5.5～－5。单颗锆石的

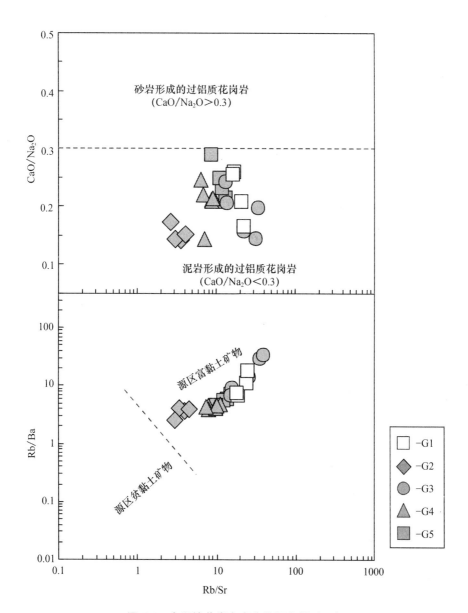

图 6-2　大湖塘花岗杂岩体的源岩判别图解

（据 Sylvester，1998）

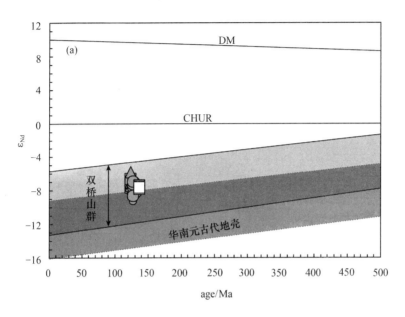

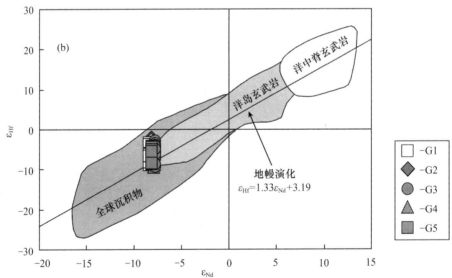

图 6-3 (a)大湖塘花岗杂岩体的$\varepsilon_{Nd}(t)$-t 图;(b)大湖塘花岗杂岩体的ε_{Nd}-ε_{Hf}图

(a)双桥山群$\varepsilon_{Nd}(t)$的演化数据来源于(Ling *et al.*,1992;马长信和项新葵,1993;李献华,1996;
Chen and Jahn,1998;张海祥等,2000),华南元古代地壳的ε_{Nd}同位素演化区间
据(王德滋等,1994);(b)图(据 Vervoort and Blichert-Toft,1999).

Lu/Hf 同位素比起全岩 Sm/Nd 同位素能够更精确的反映地壳的演化情况（Hawkesworth and Kemp，2006；Teixeira *et al*.，2011），$\varepsilon_{Hf}(t)$ 值比起 $\varepsilon_{Nd}(t)$ 值能够更加有效的区分这五种花岗岩源区的差别。花岗岩 G1 的源区比 G3～G5 的源区更具演化性，从地幔中分异出来的时间更长。花岗岩 G2 应该是比 G1 的源区更老和比 G3～G5 的源区更年轻的两个岩浆源区的混合。由于缺乏双桥山群的 Hf 同位素，不能用双桥山群与本研究的五种花岗岩的 Hf 同位素进行直接的对比。G1 的两阶段模式年龄的峰值在 1500 Ma 到 1550 Ma，G2 的两阶段模式年龄的峰值有两个分别是：1450～1500 Ma，1600～1650 Ma，G3～G5 的两阶段模式年龄的峰值都为 1350～1450 Ma（图 5-4b，d，f，h，j）。G1 与 G3～G5 大多数样品的 Nd 同位素的模式年龄（T_{DM}^{C}）与 Hf 同位素的模式年龄变化范围一致，G2 的 Nd 同位素的模式年龄（T_{DM}^{C}）位于 Hf 同位素模式年龄的两个峰值之间。这五种花岗岩的模式年龄都指示了花岗岩的源区很可能来源于晚中元古世的亏损地幔。

这五种大湖塘花岗岩展示了相对一致的 Nd 和 Hf 同位素组成，并且都是双桥山群泥质岩石的部分熔融形成。样品中的继承锆石年龄在早新元古世（大约为 824 Ma）（表 4-4），这个年龄被认为是双桥山群形成的年龄（高林志等，2008，2012）。G1～G5 的 Nd 同位素组成的主要变化范围是 $-8.77～-6.71$，Erzgebirge 地区华力西期较早侵入的 S-型（OIC-S）富钨或富钨锡的花岗岩与锂云母花岗岩，以及 Carrazeda de Ansiães 地区的二云母花岗岩 $\varepsilon_{Nd}(t)$ 值分别为 $-5.2～-1.8$（T$=325$ Ma）（Breiter，2012），$-7.4～-4.5$（T$=320$ Ma）（Förster *et al*.，1999）和 $-9.1～-6.2$（T$=319～330$ Ma）（Teixeira *et al*.，2012）。OIC-S 型花岗岩和锂云母花岗岩的 $\varepsilon_{Nd}(t)$ 值比大湖塘花岗岩的 $\varepsilon_{Nd}(t)$ 值高，二云母花岗岩的 $\varepsilon_{Nd}(t)$ 值与本研究的花岗岩的 $\varepsilon_{Nd}(t)$ 值的变化范围类似。Erzgebirge 地区的花岗岩的原岩被认为是富石英长石的岩石与富云母的泥质岩不同比列混合形成的（Förster *et al*.，1999；Breiter，2012）。大湖塘的花岗岩与 Carrazeda de Ansiães 地区的二云母花岗岩的源区是变质沉积岩的部分熔融形成（图 6-2；Teixeira *et al*.，2012），因此具有较低的 $\varepsilon_{Nd}(t)$ 值。欧洲华力西带西班牙中部（SCS）地区与伊比利亚华力西带的 Carrazeda de Ansiães 地区的 S-型花岗岩的岩浆锆石初始 $\varepsilon_{Hf}(t)$ 值变化范围分别为 $-6～-2$（Villaseca *et al*.，2012）与 $-8～-4$（Teixeira *et al*.，2011）。大湖塘地区的初始 Hf 同位素组成变化于 $-8～-2$（图 5-4，表 5-3），比 SCS 地区的 S-型花岗岩的 $\varepsilon_{Hf}(t)$ 值低，且比其他两个地区的 S-型花岗岩的 $\varepsilon_{Hf}(t)$ 值变化范围大。大湖塘花岗岩具有较大的 $\varepsilon_{Hf}(t)$ 值的变化范围很可能是因为源区岩浆是异质的泥质沉积岩部分熔融后汇聚形成。

花岗岩 G1、G2 和 G3～G5 有着类似的地球化学性质，它们的 $\varepsilon_{Nd}(t)$ 值的变化范围相同。花岗岩的 G3～G5 有着相近的侵入年龄,非常接近的 Nd 与 Hf 同位素组成(表 5-2,表 5-3,图 5-4)以及元素相关图上都具有相同的变化趋势(图 5-3)表示了这三种花岗岩是同源岩浆演化受控于结晶分异过程的结果。主微量元素相关图解以及 $\varepsilon_{Hf}(t)$ 值的峰值指示了 G1,G2 和 G3～G5 应该是来源于不同的源区(图 5-3,图 5-4)。并且,G1 中的 REE 含量、锆饱和温度高于 G2、G3～G5,G2 具有最低的锆饱和温度;G1 的成岩年龄比 G2、G3～G5 的成岩年龄要早 10 Ma 以上。London(1995)认为高 Cs 含量花岗岩的岩浆源区没有经历过早阶段的部分熔融,因为 Cs 元素是高度不相容元素,在部分熔融的过程中极易分离到熔体中,使残存源区亏损 Cs 元素。然而大湖塘花岗岩 G1～G5 都具有高的 Cs 含量(55～428 ppm)(表 5-1),排除了它们是从同一岩浆源分次部分熔融形成的产物。因此,G1、G2 和 G3～G5 来源于不同的原岩,且 G2 很可能是某两种源区的混合,而 G3～G5 很可能是同源岩浆结晶分异形成的,但这五种花岗岩的原岩都属于双桥山群的泥质岩,且他们的化学成分相近。

6.3 结晶分异作用

大湖塘花岗岩 G1、G2 和 G3～G5 是双桥山群中不同的变质沉积岩部分熔融形成的。大湖塘花岗岩中 ΣREE 含量为 24～124 ppm,双桥山群的变质沉积岩比大湖塘花岗岩的 ΣREE 含量高,为 171～365 ppm(张海祥等,2000)。双桥山群的变质沉积岩含有较低的 Rb/Sr 比值(0.25～2.67)和(La/Yb)$_N$ 比值(0.03～1.40)(张海祥等,2000),而大湖塘花岗岩 G1～G5 的 Rb/Sr 比值为 3～41,(La/Yb)$_N$ 比值为 5.3～18.3。并且对双桥山群的变质沉积岩的稀土元素进行澳大利亚原始太古代页岩标准化后,稀土配分图显示了 Eu 的正异常,LREE 与 HREE 的变化范围一致(张海祥等,2000),而大湖塘花岗岩强烈的富集 Li,Rb,Cs 和 Ta,亏损 Ti,Mg,Sr,Ba,Hf 和 REE 元素。大湖塘花岗岩并没有继承源区双桥山群的地球化学特征。因此,大湖塘微量元素的变化特征是源于自身岩浆结晶分异机制。

五种大湖塘花岗岩具有明显的 Eu 异常(图 5-2a,c,e,g,i)和 Sr 的亏损(图 5-2b,d,f,h,j),需要源区岩石部分熔融后残留斜长石而不是石榴石,源区残留石榴石会引起 Eu 的正异常。因此,花岗岩 G1～G5 的 MREE 和 HREE 的降低主要是受到磷灰石和锆石的结晶分异引起的(Henderson,1984;Bea,1996)。但在强过铝质的熔体中,磷灰石的溶解度会增加(Cuney and Friedrich,1987;Montel *et al*.,1988),而锆石的溶解度会显著降低(Watson and Harrison,1984;Montel,1986;

Cuney and Friedrich,1987；Rapp *et al.*,1987；Montel *et al.*,1988）。那么，磷灰石的结晶分异减弱使得岩浆中 MREE 含量下降的情形也被减弱，锆石的结晶分异增强使得岩浆中 HREE 含量进一步降低。大湖塘花岗岩的 REE 总量为 24～124ppm 低于双桥山群的变质沉积岩，可能是副矿物如独居石、磷灰石、锆石的结晶分异引起的，也可能是 REE 随着岩浆演化的晚期流体中的 REE 络合物如 Cl-REE 及 F-REE 被迁移了（Taylor *et al.*,1981；Irber,1999）。

　　大湖塘的花岗岩 G3～G5 似乎是同一个岩浆演化序列，从花岗岩 G4 随着结晶分异的进行演化到 G5 最后演化到 G3（图 5-3），它们的年龄都大致相同 130～134Ma。花岗岩 G1 和 G2 可以分别看成是独立的侵入体，G1 的年龄是 144 Ma，而 G2 为 134 Ma。G1、G2 和 G3～G5 的主微量元素图分别有着三种不同的演化趋势（图 5-3），三个系列中稀土配分模式也分别平行（图 5-2a,c,e,g,i）。LREE 的含量从 G4 降低到 G5 最后降低到 G3 可能是独居石的结晶分异引起的（Bea,1996），MREE 的降低主要是磷灰石的结晶分异导致（Henderson,1984），HREE 的降低是锆石的结晶分异引起的（Bea,1996）。在 G3～G5 的结晶分异过程中，独居石的结晶分异高于锆石的结晶分异可能引起了 G3～G5 中 LREE 总量的下降多于 HREE 含量的降低。

　　在图 6-4 大湖塘花岗杂岩体的 Ba vs. Eu,Sr vs. Eu,Ba vs. Sr 以及 $(La/Yb)_N$ vs. La 图解中，花岗岩 G4 的样品 zk1-13 可能最接近初始岩浆成分，选择此样品点假定为原始岩浆成分进行大湖塘花岗岩的结晶分异模拟。图 6-4 可以看出，G2 没有 G1 和 G3～G5 系列的结晶分异明显，而且 G2 的岩浆源区的化学成分与假定为母岩浆的 zk1-13 的成分差别较大。元素的变化指示了 G1 与 G3～G5 的岩浆源区部分熔融后存在斜长石与钾长石的结晶分异（图 6-4a,b,c）。斜长石的结晶分异能够引起 Sr 与 Eu 的负异常（图 5-2）。而且，这些花岗岩的高 Rb/Sr 比值可能是由于斜长石高度的结晶分异引起的（EI. Bouseilly and EI. Sokkary,1975）。G3 中长石与副矿物结晶分异程度最高，G4 的结晶分异相对其他四种花岗岩最不明显，而 G5 结晶分异程度位于 G3 与 G4 之间（图 6-4）。G1 中锆石的结晶分异与 G3～G5 中磷灰石、褐帘石和（或）独居石的结晶分异控制了 La 与 Yb 在岩浆中的含量（图 6-4d）。花岗岩 G3 受控于褐帘石或是独居石的不同程度的结晶分异（图 6-4d），导致 G3 具有变化范围宽广的 LREE 的配分模式（图 5-2e）。花岗岩 G4 的样品中长石、磷灰石、褐帘石和独居石的结晶分异程度相近（图 6-4），G4 的稀土配分图和蛛网图中样品元素变化非常接近（图 6-4）。而且，大湖塘花岗岩具有 Ti 的负异常（图 5-2），可能表明在岩浆演化阶段具有 Fe-Ti 氧化物（如钛铁矿）或（和）云母的结晶分异。

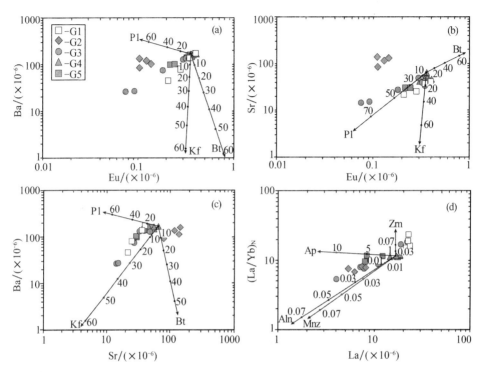

图 6-4 大湖塘花岗杂岩体的(a) Ba vs. Eu,(b) Sr vs. Eu,以及(c) Ba vs. Sr 图解,显示了
长江的结晶分异过程较大程度地影响了大湖塘花岗岩 G1,G3～G5 的形成。(d)(La/Yb)$_N$
vs. La 图解,显示了副矿物的分离结晶作用对花岗岩中稀土配分模式的影响

Ba 与 Sr 的分配系数引自 Philpotts and Schnetzler,1970,Eu 的分配系数引自 Arth,1976。

La 和 Yb 在磷灰石中的分配系数引自 Fujimaki,1986,在锆石与褐帘石中的分配系数引自

Mahood and Hildreth,1983,独居石的分配系数引自 Yurimoto *et al.*,1990。

Pl 斜长石;Kf 钾长石;Bt 黑云母;Aln 褐帘石;Mnz 独居石;Ap 磷灰石;Zrn 锆石

6.4 动力学背景

　　江南造山带位于长江中下游与十杭带之间(图 1-1),大湖塘花岗岩的地质年
代学显示这个地区的岩浆活动从 144 Ma 开始持续到 130 Ma。大湖塘 S-型花岗
岩的形成晚于长江中下游的九瑞地区 I-型花岗岩的侵位(148～142 Ma)(图 1-1;
Ding *et al.*,2006;Li *et al.*,2010;Yang *et al.*,2011),稍早于赣杭带相山地区的
A-型花岗岩的形成(137～135 Ma)(Yang *et al.*,2010a,b,2012)。大湖塘的 S-型
花岗岩属于含白云母花岗岩(MPG-型花岗岩),Barbarin(1996)认为 MPG-型花

岗岩主要产生于陆陆碰撞造山带中的韧性剪切区域或逆冲推覆构造的背景下。但是在早白垩世,江南造山带似乎不可能处于陆陆碰撞的构造背景下,因为北西向挤压的区域变形仅仅发生在早中侏罗世(王鹏程等,2012),甚至持续到155 Ma(朱光和刘国生,2000)。在早白垩世,中国东南部盆岭省形成(Gilder et al.,1991),A-型花岗岩与板内玄武岩的岩浆活动从 140 Ma 持续到 90 Ma,指示了该地区处于拉张的构造环境下(Li,2000;Jiang et al.,2011;Yang et al.,2012)。另外,在燕山期九瑞与相山地区的花岗岩都被认为与拉张的构造环境、白垩纪岩石圈减薄及地幔上涌有关(Zhou and Li,2000;Xu et al.,2002;Zhou et al.,2006;Li et al.,2010;Wu et al.,2012;Xie et al.,2012)。因此,根据大湖塘花岗岩的成岩年龄,大湖塘花岗岩很可能也形成于这广泛拉张的构造背景下。江南造山带包括了几千米厚的元古代变质沉积岩,这些变质沉积岩受到后造山的地壳与岩石圈减薄以及软流圈上涌的影响,使得上地壳变质沉积岩部分熔融(Huang et al.,2003)。

前人认为长江中下游中生代岩石圈拉伸与地壳增厚导致的下地壳的拆沉有关(Xu et al.,2002;Wang et al.,2007b),或是与洋脊俯冲导致的板片窗拉伸有关(Sun et al.,2007;Ling et al.,2009),早白垩世古太平洋板块东南方向的俯冲后撤模式用于解释赣杭带的弧后拉张(Jiang et al.,2011),其他的模式如太平洋板块的斜俯冲(Wang et al.,2011)或是俯冲古太平洋板块的拆沉或折返(Li and Li,2007;Wong et al.,2009)也被提出用于解释中国东南部白垩纪岩石圈拉张。基于从九瑞地区到大湖塘地区再到相山地区的岩浆活动年代逐渐递减,并且到了晚白垩世(92~97 Ma)中国东南沿海地区岩石圈广泛拉张(Lapierre et al.,1997;Qiu et al.,2004),似乎岩石圈的拉张逐渐向东南方向从陆内向沿海地区移动。

6.5　本章小结

大湖塘的花岗岩 G1-G5 都属于高分异的 S-型花岗岩,具有相对一致的 Nd 和 Hf 同位素组成,并且都是双桥山群泥质岩石的部分熔融形成。花岗岩中 LREE 的含量降低是独居石的结晶分异引起的,MREE 的降低主要是磷灰石的结晶分异导致,HREE 的降低是锆石的结晶分异引起的。G1、G2 和 G3~G5 来源于不同的原岩,且 G2 很可能是某两种源区的混合,而 G3~G5 很可能是同源岩浆结晶分异形成的。花岗岩 G1 的源区比 G3~G5 的源区更具演化性,从地幔中分异出来的时间更长。花岗岩 G2 应该是比 G1 的源区更老和比 G3~G5 的源区更年轻的两个岩浆源区的混合,但都属于双桥山群。这五种花岗岩的模式年龄都指示了花岗岩的源区很可能来源于晚中元古世的亏损地幔。大湖塘花岗岩很可能形成在早白垩世广泛拉张的构造背景下,受到后造山的地壳与岩石圈减薄以及软流圈上涌的影响,使得上地壳变质沉积岩部分熔融。

第7章　大湖塘钨矿床同位素地球化学特征

7.1　样品采集与矿物组合

大湖塘地区钨矿床以细脉浸染型和大脉型钨矿床为主。细脉浸染型矿体以白钨矿为主,白钨矿常常与磷灰石一同出现,磷灰石在紫外光下呈橘红色。主要赋存在晋宁期黑云母花岗岩中,与含钨石英大脉紧密相伴。矿石矿物主要以白钨矿为主,其次有黑钨矿、辉钼矿、黄铜矿、黄铁矿、斑铜矿等,脉石矿物以长石、石英为主,其次有黑云母、方解石、绿泥石、白云母、萤石等。主要蚀变有硅化、黑鳞云母化、云英岩化、白云母化、钠长石化等。矿物伴生组合有:白钨矿-黑钨矿,白钨矿-黑钨矿-斑铜矿,白钨矿-黑钨矿-黄铜矿(图7-1)。矿石构造有细脉条带状构造、浸染状构造,矿石结构为半自形—自形晶结构、他形晶状结构、溶蚀结构等。

大脉型钨矿床以黑钨矿为主,伴生有白钨矿,石英大脉型矿体几乎遍布于整个矿集区,近东西向的矿脉占主导地位。该组石英脉一般倾角较陡,无论在走向上还是倾向延深上均较稳定,局部出现分枝复合、尖灭再现、膨大缩小特征,脉幅相对较大,矿化较强但不均匀。矿石的主要共生矿物有14种,金属矿物10种,主要以黑钨矿为主,其次有白钨矿、辉钼矿、黄铜矿、斑铜矿、闪锌矿、黄铁矿、锡石、黝锡矿等(图7-1)。非金属矿物以石英为主,其次为长石、云母、萤石、磷灰石等。常见矿物组合有:黑钨矿-石英-黄铜矿,黑钨矿-石英-白钨矿-辉钼矿,斑铜矿-石英-辉钼矿,黑钨矿-石英-辉钼矿-黄铜矿。矿石以块状构造为主,其次有浸染状、放射状及梳状构造,矿石结构主要有自形—半自形晶状结构、他形晶粒状结构、片状—鳞片状结构、充填(填隙)结构等。

样品采自大湖塘的大岭上与狮尾洞矿区中的花岗岩样品与细脉浸染状矿石、块状黑钨矿石英脉、黑白钨矿硫化物石英脉。岩石和矿石样品被粉碎至 $60\sim80$ 目,在双目镜下仔细分选出钾长石、硫化物单矿物(黄铜矿、斑铜矿、辉钼矿)。钾长石、黄铜矿和斑铜矿分别做了 Pb 同位素组成分析,黄铜矿、斑铜矿和辉钼矿做了 S 同位素组成分析。本次研究所用的白钨矿样品采自狮尾洞矿区 3 号矿井 11 号脉体的井下露头,该脉体呈东西走向,近直立宽 $50\sim60$ cm,含较多黑钨矿大板晶以及

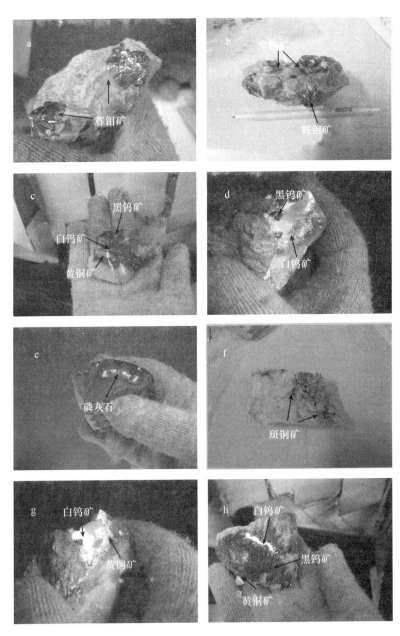

图 7-1　大湖塘钨矿床石英脉中矿石矿物

a. 为石英脉中的辉钼矿；b. 为石英脉中的辉钼矿与共生；e. 为石英脉中的磷灰石；f. 为石英脉中的斑铜矿；

g. 为白钨矿与黄铜矿共生；h. 为石英脉中黄铜矿、黑钨矿和白钨矿共生

黄铜和辉钼矿,脉壁有薄膜状辉钼矿。11 号脉体中的白钨矿主要以两种形式产出,一种是呈浸染状、不规则状分布于石英中;另一种是呈团块状产出,并常见晚期石英细脉穿插。白钨矿通常呈乳白色,油脂光泽,在紫外光照射下,常发天蓝或淡蓝色荧光。在系统的野外和室内观察的基础上,将白钨矿碎至 40～60 目,利用重选的方法将其初步富集,然后借助荧光灯,在双目显微镜下将杂质剔除,使白钨矿的纯度达到 99% 以上,最后将纯净的白钨矿用玛瑙研钵碎至 200 目,样品的 Sm-Nd 同位素分析在中国科学院地质与地球物理研究所同位素实验室完成。

7.2 钾长石与硫化物的 Pb 同位素特征

本次测试选取了大湖塘地区 22 件硫化物以及 13 件燕山期花岗岩钾长石进行了 Pb 同位素测试。其中矿石中黄铜矿 14 件,斑铜矿 8 件。Pb 同位素组成测试结果及有关参数分别列于表 7-1 与表 7-2 中。燕山期花岗岩中钾长石铅同位素比值比较高且组成范围变化较小,$^{206}Pb/^{204}Pb$ 为 18.2624～18.8254,$^{207}Pb/^{204}Pb$ 为 15.6501～15.6813,$^{208}Pb/^{204}Pb$ 为 38.4981～38.7890。矿区矿石中的硫化物的 Pb 同位素比值较高且变化范围狭窄,$^{206}Pb/^{204}Pb$ 为 18.1080～18.5290,$^{207}Pb/^{204}Pb$ 为 15.6352～15.7340,$^{208}Pb/^{204}Pb$ 为 38.3257～38.8196。在铅构造图 7-2(Zartman and Doe,1981)上,钾长石与硫化物的 Pb 同位素组成 $^{207}Pb/^{204}Pb$-$^{206}Pb/^{204}Pb$ 在同一范围内变化,位于上地壳与造山带之间,但是更接近于上地壳铅演化线分布。钾长石与硫化物的铅同位素组成的一致性说明成矿物质可能来源于燕山期花岗岩岩浆,且 Pb 可能主要来自于上地壳,成矿物质和成岩物质都来源于上地壳物质的重熔。

表 7-1 大湖塘钨矿区花岗岩中钾长石的 Pb 同位素特征

样品号	测试矿物	$^{206}Pb/^{204}Pb$	$^{207}Pb/^{204}Pb$	$^{208}Pb/^{204}Pb$
81#-23	钾长石	18.2671	15.6501	38.4981
zk8-3-14	钾长石	18.5067	15.6713	38.6499
zk1-4	钾长石	18.4366	15.6597	38.6418
zk1-5	钾长石	18.8254	15.6679	38.7290
zk1-11	钾长石	18.4447	15.6558	38.6120
zk1-13	钾长石	18.4312	15.6626	38.6871
zk108-2-2	钾长石	18.5375	15.6813	38.7890
zk108-2-1	钾长石	18.4915	15.6738	38.7249

续表 7-1

样品号	测试矿物	$^{206}Pb/^{204}Pb$	$^{207}Pb/^{204}Pb$	$^{208}Pb/^{204}Pb$
zk108-2-4	钾长石	18.6094	15.6750	38.7021
zk11-5-24	钾长石	18.2624	15.6546	38.5624
zk11-2-1	钾长石	18.3420	15.6631	38.5704
81#-4	钾长石	18.4110	15.6646	38.6383
zk0-26-3	钾长石	18.3478	15.6531	38.6228

表 7-2 大湖塘钨矿区矿石中的硫化物的 Pb 同位素特征

样品号	测试矿物	$^{206}Pb/^{204}Pb$	$^{207}Pb/^{204}Pb$	$^{208}Pb/^{204}Pb$
zk11-5-10	黄铜矿	18.1676	15.6383	38.3627
zk11-5-4	黄铜矿	18.1601	15.6394	38.3737
zk11-5-30	黄铜矿	18.2132	15.6352	38.4700
zk11-5-14	黄铜矿	18.1343	15.6352	38.3257
zk12-3-20	黄铜矿	18.2361	15.6504	38.4118
3#-11	黄铜矿	18.2515	15.6491	38.4232
zk11-5-12	黄铜矿	18.1331	15.6352	38.3270
zk11-5-15	黄铜矿	18.2307	15.6417	38.3635
zk11-2-8	黄铜矿	18.3491	15.6740	38.5739
zk11-5-16	黄铜矿	18.1743	15.6369	38.3990
zk11-2-3	黄铜矿	18.5290	15.7340	38.8196
3#-4	黄铜矿	18.1536	15.6448	38.4154
3#-13	黄铜矿	18.1451	15.6426	38.4161
zk11-2-5	黄铜矿	18.1677	15.6454	38.4067
zk11-2-11	斑铜矿	18.2212	15.6440	38.4456
81#-14	斑铜矿	18.1719	15.6380	38.3794
zk11-5-3	斑铜矿	18.1395	15.6401	38.3646
3#-3	斑铜矿	18.1466	15.6460	38.4152
3#-5	斑铜矿	18.1277	15.6404	38.4213
zk11-2-9	斑铜矿	18.1080	15.6354	38.4299
zk11-2-13	斑铜矿	18.2044	15.6472	38.4572
zk11-2-10	斑铜矿	18.1151	15.6420	38.4740

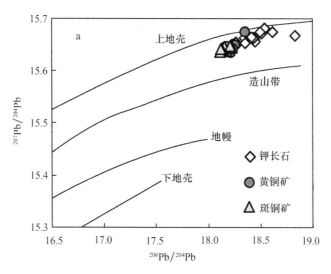

图 7-2　**大湖塘矿区硫化物以及燕山期花岗岩中钾长石的 Pb 同位素组成图解**

(据 Zartman and Doe,1981)

7.3　金属硫化物的硫同位素特征

本次测试结果如表 7-3、图 7-3 所示,大湖塘钨矿区石英脉型矿石中硫化物的 S 同位素值变化范围集中,均为负值,且呈现塔式分布的特点,说明硫的来源单一。$\delta^{34}S$ 变化范围是 $-4.9‰$ ~ $-0.6‰$,集中分布在 $-4‰$ ~ $-1.5‰$。其中 10 个辉钼矿的 $\delta^{34}S$ 变化范围是 $-4‰$ ~ $-1.6‰$,平均为 $-2.9‰$,8 个斑铜矿的变化范围是 $-4.9‰$ ~ $-2.2‰$,平均值为 $-3.3‰$,14 个黄铜矿的变化范围是 $-3.4‰$ ~ $-0.6‰$,平均值为 $-1.9‰$。

徐文炘(1988)把我国钨锡矿床硫源分为岩浆来源、岩浆和地层的混合来源,指出典型岩浆硫来源矿床的全硫同位素组成为 $-2‰$ ~ $+6‰$,混合来源硫 $\delta^{34}S_{\Sigma S}$ 大于 $+12‰$。大湖塘地区的热液脉型钨多金属矿床的 $\delta^{34}S$ 值变化范围比较小($-0.5‰$ ~ $-5‰$),且峰值集中在 $-1.5‰$ ~ $-4‰$(图 7-3)。本区金属硫化物的 $\delta^{34}S$ 值更接近岩浆硫来源矿床的硫同位素组成。而且,江西金山地区的双桥山群的 $\delta^{34}S$ 值显示为 $-1.4‰$ ~ $6‰$,平均值为 $5.5‰$(曾键年等,2002),等同的地层如湖南的冷家溪群的 $\delta^{34}S$ 值显示为 $12.9‰$ ~ $23.5‰$,平均值为 $(18.5±5)‰$(顾雪祥等,2004)。无论是从变化范围来看,还是从硫同位素的峰值来看,大湖塘热液脉型钨多金属矿床的硫都与该区地层硫相差甚远,因此认为大湖塘钨矿区的金属硫化物的硫同位素具有岩浆成因硫的特征。

表 7-3 大湖塘钨矿区矿石的 S 同位素组成

测试矿物	样号	$\delta^{34}S_{V\text{-}CDT}/‰$
辉钼矿	81#-11	−1.6
辉钼矿	81#-28	−2.1
辉钼矿	3#-4	−3.8
辉钼矿	3#-12	−3.2
辉钼矿	3#-13	−4.0
辉钼矿	3#-21	−3.9
辉钼矿	zk11-2-3	−3.0
辉钼矿	zk11-2-8	−3.5
辉钼矿	zk11-5-10	−1.7
辉钼矿	zk11-5-23	−2.1
斑铜矿	3#-3	−3.3
斑铜矿	3#-5	−2.8
斑铜矿	81#-14	−3.2
斑铜矿	zk11-2-9	−3.6
斑铜矿	zk11-2-10	−4.9
斑铜矿	zk11-2-11	−2.6
斑铜矿	zk11-2-13	−3.7
斑铜矿	zk11-5-3	−2.2
黄铜矿	3#-4	−3.4
黄铜矿	3#-11	−2.8
黄铜矿	3#-13	−2.8
黄铜矿	zk12-3-20	−1.5
黄铜矿	zk11-2-3	−2.5
黄铜矿	zk11-2-5	−3.1
黄铜矿	zk11-2-8	−3.1
黄铜矿	zk11-5-4	−1.7
黄铜矿	zk11-5-10	−0.7
黄铜矿	zk11-5-12	−1.9
黄铜矿	zk11-5-14	−1.4
黄铜矿	zk11-5-15	−1.3
黄铜矿	zk11-5-16	−0.6
黄铜矿	zk11-5-30	−2.2

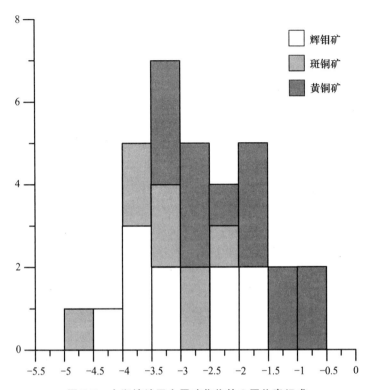

图 7-3　大湖塘地区金属硫化物的 S 同位素组成

据大本模式(Ohmoto,1972)热液矿床中硫化物的硫同位素组成 $\delta^{34}S$ 是热液体系总硫同位素组成 $\delta^{34}S_{\Sigma S}$,温度 T,酸碱度 pH,氧逸度 $f(O_2)$ 和离子活度 I 的函数。在高 $f(O_2)$ 条件下形成的硫化物比热液的 $\delta^{34}S$ 值要小很多,只有在低 $f(O_2)$ 和低 pH 条件下,硫化物的 $\delta^{34}S$ 值才与热液的 $\delta^{34}S$ 值相近。野外观察和实验室镜下观察,与成矿同时期的燕山期花岗岩以绢云母化为主,伴有绿泥石化和硅化来看,引发围岩蚀变的流体介质应为弱酸性环境。而且据前面第 4 章中黑云母的分析,以及年代学的证据显示,与成矿有关的这期花岗岩浆应该是低氧逸度的,属于钛铁矿系列花岗岩。Coleman(1979)认为,花岗岩的硫同位素组成还与岩浆的氧化还原状态有关。还原的岩石一般具有负的 $\delta^{34}S$ 值,而氧化的岩石为正 $\delta^{34}S$ 值。磁铁矿系列花岗岩 $\delta^{34}S$ 一般为正值($+1‰\sim+9‰$),高于钛铁矿系列花岗岩的 $\delta^{34}S$值($-11‰\sim+1‰$)。本区中金属硫化物的 $\delta^{34}S$ 值全为负值,考虑其都为低 $f(O_2)$ 条件下的花岗岩浆来源,那么它与热液的 $\delta^{34}S$ 值可能是接近的,符合 Coleman (1979)提出的观点,且证明了低 $f(O_2)$ 条件下的花岗岩浆演化后期残留热液中的 $\delta^{34}S$ 值与花岗岩浆的 $\delta^{34}S$ 值接近。

7.4 白钨矿 Sm-Nd 等时线年龄

白钨矿样品的 Sm-Nd 含量及其同位素组成见表 7-4,显示:白钨矿的 Sm、Nd 含量分别为 $0.69 \times 10^{-6} \sim 4.35 \times 10^{-6}$,$2.57 \times 10^{-6} \sim 14.97 \times 10^{-6}$,$^{147}Sm/^{144}Nd$ 和 $^{143}Nd/^{144}Nd$ 的变化范围分别为 $0.1622 \sim 0.3045$,$0.512152 \sim 0.512289$。在 $^{47}Sm/^{144}Nd-^{143}Nd/^{144}Nd$ 图解中(图 7-4),所以白钨矿样品均表现出良好的线性关系,利用 ISOPLOT 程序,可求得白钨矿构筑的等时线 $t = (142.4 \pm 8.9)Ma$,MSWD=1.7,$(-^{143}Nd/^{144}Nd)_i$ 为 0.512005 ± 0.000014,对应的 $\varepsilon_{Nd}(t)$ 值为 $-9.5 \sim -6.8$ 尽管构成等时线的样品点数偏少,但考虑到所有白钨矿样品采自同一个矿脉,属同源、同期热液活动的产物,且未受到后期热液蚀变作用的影响,其 $^{147}Sm/^{144}Nd-^{143}Nd/^{144}Nd$ 比值有较大的变化范围,不同样品根据等时线年龄计算的 $\varepsilon_{Nd}(t)$ 值变化范围也相对小,完全可以满足构成等时线的条件,因此本次确定的年龄数据可以代表大湖塘这一期白钨矿形成的真实年龄。近年来有少数学者对大湖塘钨矿床的形成时间进行了研究。丰成友等(2012)采用辉钼矿 Re-Os 同位素定年,测得大湖塘石门寺矿段辉钼矿 Re-Os 等时线年龄为 $(143.7 \pm 1.2)Ma(n=6$,MSWD=0.84);狮尾洞矿段辉钼矿 Re-Os 等时线年龄为 $(140.9 \pm 3.6)Ma(n=6$,MSWD=2.30)。Mao et al. (2013)也对大湖塘钨矿床中细脉浸染型、隐爆角砾岩型、石英脉型中的辉钼矿进行了 Re-Os 同位素定年工作,结果显示 Re-Os 模式年龄从 138.4 Ma 至 143.8 Ma,等时线年龄是 $(139.18 \pm 0.97)Ma(MSWD=2.9)$。本书中大湖塘钨矿区白钨矿 Sm-Nd 等时线年龄为 $(142.4 \pm 8.9)Ma$,与前两位学者所测的辉钼矿 Re-Os 等时线年龄几乎是一致的,显示了大湖塘钨矿的成矿时间应该是早白垩世,且与早期侵入的燕山期花岗岩有着较密切的关系。

表 7-4 大湖塘钨矿区白钨矿 Sm-Nd 同位素组成

样号	样品名称	Sm/ ($\times 10^{-6}$)	Nd/ ($\times 10^{-6}$)	$^{147}Sm/^{144}Nd$	$^{143}Nd/^{144}Nd$	2σ	$\varepsilon_{Nd}(t)$
3#-2	白钨矿	2.89	5.74	0.3045	0.512289	0.000011	−6.8
3#-20	白钨矿	4.35	14.97	0.1755	0.512172	0.000014	−9.1
3#-1	白钨矿	0.69	2.57	0.1622	0.512152	0.000018	−9.5

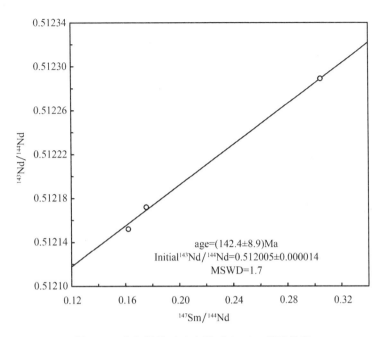

图 7-4　大湖塘钨矿床白钨矿 Sm-Nd 等时线图

7.5　成矿物质来源

直接对大湖塘钨矿床白钨矿的 Nd 同位素组成的对比研究可以为成矿物质来源提供重要的依据。同样的,与钨矿床中黑钨矿、白钨矿伴生的硫化物(如辉钼矿、黄铜矿、斑铜矿等)中硫、铅的同位素组成的研究也可以进一步说明成矿物质源区的情况。

大湖塘钨矿床构筑的白钨矿等时线对应的初始 ε_{Nd} 值为 $-9.5\sim-6.8$(表 7-4),对比大湖塘地区燕山期花岗岩的初始 ε_{Nd} 值为 $-9.4\sim-5.9$,且如图 7-5 中,白钨矿的初始 ε_{Nd} 值在燕山期花岗岩的初始 ε_{Nd} 值的变化范围内,且都落在双桥山群 ε_{Nd} 值的演化区域内,位于华南元古带地壳 ε_{Nd} 值演化域的边缘。由于白钨矿与花岗岩全岩的 Nd 同位素组成的吻合,推测大湖塘矿区的白钨矿与燕山期花岗岩岩浆是同一个来源。基于考虑白钨矿 Sm-Nd 等时线年龄为(142.4±8.9)Ma,大湖塘钨矿的成矿物质很可能来源于早阶段侵入的燕山期花岗岩岩浆,且可能是由双桥山群中富泥质的变质岩熔融上升侵位而形成。研究区石英脉中各种硫化物硫同位素组成分布集中,说明成矿热液中沉淀的硫化物硫源单一。$\delta^{34}S$ 值全为负值且在靠近零值附近,则说明了成矿流体中的硫可能源于低氧逸度的岩浆。在图 7-2

中,硫化物与燕山期花岗岩钾长石的$^{206}Pb/^{204}Pb$ $-^{207}Pb/^{204}Pb$ 组成一致,都沿着上地壳的 Pb 同位素演化线分布,再次说明了成矿物质来源于燕山期花岗岩浆,是上地壳的物质部分熔融形成的。

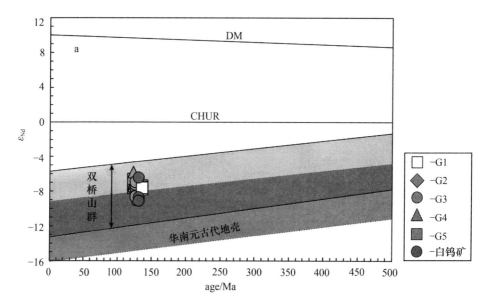

图 7-5 大湖塘花岗杂岩体与矿区石英脉中白钨矿的 $\varepsilon_{Nd}(t)$-t 图

双桥山群 $\varepsilon_{Nd}(t)$ 的演化数据来源于(Ling et al.,1992;马长信和项新葵,1993;李献华,1996;Chen and Jahn,1998;张海祥等,2000),华南元古代地壳的 ε_{Nd} 同位素演化区间(据王德滋等,1994)

这与前人对钨矿床与花岗岩的研究相符:岩浆是钨矿成矿物质的源区,钨以岩浆热液模式富集在矿床中(Ishihara,1977;Candela and Bouton,1990;Linnen and Cuney,2005;Fogliata et al.,2010;Maulana et al.,2013)。赣钨锡多金属矿成矿作用与酸性侵入岩的岩浆分异与岩浆热液作用有关,国内外绝大多数钨矿床,尤其是南岭地区大部分的钨矿区,矿石硫同位素大多分布在 0 值附近,尤其是石英脉型钨矿。国外的钨矿床例如:南非西 Namaqualand 的钨矿床中辉钼矿的 $\delta^{34}S$ 值介于 3.6‰~4.5‰(Raith and Stein,2000);韩国 Weolag 钨钼矿床中,辉钼矿 $\delta^{34}S$ 值为 3.0‰~5.7‰,黄铁矿的 $\delta^{34}S$ 值为 4.5‰~7.6‰,磁黄铁矿的 $\delta^{34}S$ 值为 4.8‰~5.1‰,黄铜矿的 $\delta^{34}S$ 值为 4.8‰,闪锌矿的 $\delta^{34}S$ 值为 4.9‰~5.5‰,方铅矿的 $\delta^{34}S$ 值为 3.9‰(So et al.,1983);韩国 Sannae 钨钼矿床的辉钼矿的 $\delta^{34}S$ 值为 5.2‰~6.0‰,黄铁矿的 $\delta^{34}S$ 值为 6.0‰~7.1‰(Shelton et al.,1986);秘鲁北部的 Pasto Buena 钨矿床中黄铁矿的 $\delta^{34}S$ 值为 -2.5‰~3.9‰(Landis and Rye,1974);南岭

地区的钨矿床例如:西华山的硫化物中 δ^{34}S 值的变化范围是 $-1.6‰\sim0.1‰$(Wei et al.,2012);湖南瑶岗仙钨矿床的硫化物的 δ^{34}S 值为 $-1.8‰\sim-1.4‰$(李顺庭 等,2011);赣南淘锡坑钨矿床的硫化物的 δ^{34}S 值为 $-2.3‰\sim0.1‰$(宋生琼等, 2011);邓阜仙含黑钨矿石英脉中硫化物的 δ^{34}S 值介于 $-1.36‰\sim0.61‰$,其中以 $-1.0‰\sim-0.5‰$ 者居多,平均值为 $-0.63‰$(蔡杨等,2012)。国内外的这些钨矿 床的 δ^{34}S 值都有集中在零值附近的特征,表明成矿物质主要来源于岩浆,一般与矿 区出露的 S-型花岗岩体有关。

7.6　本章小结

本章主要通过硫化物的 Pb-S 以及白钨矿的 Sm-Nd 同位素定年系统地讨论成 矿物质来源以及成矿的年龄。Pb 同位素图解中,矿石矿物的投影区域与燕山期花 岗岩中钾长石的范围一致,与地层的 Pb 同位素组成相差较大,因此,Pb 源应为燕山 期花岗岩浆。矿石矿物的 S 同位素变化范围较小的负值,呈塔式分布,应该是燕山期 花岗岩浆来源。白钨矿的 Sm-Nd 同位素构筑的等时线显示成矿年龄为(142.4 ± 8.9)Ma,属于早白垩世,且白钨矿的 $\varepsilon_{Nd}(t)$ 值投影区域落在燕山期花岗岩 $\varepsilon_{Nd}(t)$ 值 的范围内,推测应与同时期侵入的花岗岩有关。

第8章 大湖塘钨矿床成岩与成矿的关系及其模式

8.1 大湖塘燕山期花岗岩岩石成因与成矿的关系

大湖塘钨矿床被评估为世界最大的钨矿床。丰成友等(2012)报道了大湖塘钨矿床辉钼矿的 Re-Os 同位素年龄为(143.7±1.2)Ma 和(140.9±3.6)Ma。Mao et $al.$(2013)辉钼矿 Re-Os 等时线定年获得的大湖塘钨矿的年龄为 138.4~143.8 Ma。大湖塘矿床成矿年代学数据与大湖塘花岗岩 G1 的成岩年代(144.0±0.6)Ma 非常一致。结合花岗岩 G1 岩体与矿体的野外穿切关系与花岗岩 G1 的成岩年代与成矿时间来看,花岗岩 G1 与大湖塘钨矿床在时间与空间上是有关联的。而 G2,G3,G4 和 G5 的成岩年龄分别为(134.6±1.2)Ma、(133.7±0.5)Ma、(130.7±1.1)Ma 和(130.3±1.1)Ma,这些侵入岩体的成岩年龄晚于已报道的钨矿成矿年龄。而且,从第 7 章的讨论结果看来,矿石矿物的硫铅同位素组成都指示了成矿元素很可能来自燕山期花岗岩岩浆,而且白钨矿的 Sm-Nd 同位素构筑的等时线显示成矿年龄为(142.4±8.9)Ma,与 G1 花岗岩的成岩年龄非常接近。大湖塘的五种花岗岩有着非常高的钨含量,从几十 ppm 到上百个 ppm 的含量(表 5-1),这些花岗岩的含钨量远高于上下地壳的钨含量值(分别为 1.9 ppm 与 0.6 ppm)(Rudnick and Gao,2004)。那么,为什么这些高分异的 S-型花岗岩的钨含量远高于普通地壳的呢? 但是只有花岗岩 G1 与钨矿的成矿有关系?

许多学者认为源区为质泥沉积岩且经历了结晶分异过程的岩浆与钨矿的形成有关(徐克勤和程海,1987;Breiter,2012;Teixeira et $al.$,2012;Fogliata et $al.$,2012)。变质泥质岩中的白云母可以富集大离子亲石元素及成矿元素钨、锡(Breiter,2012)。双桥山群泥质岩中的钨元素的含量高达 12 ppm,而典型的地壳岩石中钨元素的含量只有 1~2 ppm(Rudnick and Gao,2004)。双桥山群中这些含钨量高的变质沉积岩很可能是大湖塘燕山期花岗岩与钨矿床的钨元素的来源。

钨是大离子亲石元素,更倾向于在地壳中富集,地幔中亏损(Ertel et $al.$,1996)。部分熔融作用在有利的络合剂存在的条件下,能使源区的亲石性质的金属元素更加富集在熔体中(Liu *et al.*,1994),并且结晶分异作用也能够导致 W-Sn 元素在岩浆中进一步的富集(Fogliata *et al.*,2012;Teixeira *et al.*,2012)。葡萄牙 Jalama 的花岗岩(Ruiz *et al.*,2008)、葡萄牙北部与中部的 S-型花岗岩(Neiva,2002),欧洲中部的 Krušné hory/Erzgebirge 山脉的花岗岩都因为结晶分异作用而富集钨锡元素(Breiter,2012)。但在结晶分异过程中,钨的富集机制与锡的富集机制不同。锡的价态受到岩浆氧逸度的影响呈现 Sn^{2+} 和 Sn^{4+},既能富集在残余流体中也能被迁移进入结晶相(Cobbing *et al.*,1986;Linnen *et al.*,1996;Zhao *et al.*,2005)。在酸性岩浆中氧逸度高于 IW-3.6(IW 为铁-方铁矿缓冲线)缓冲线的情况下,钨元素在岩浆中主要以+6 价存在(Wade *et al.*,2013),+4 价的钨元素在试验中非常低的氧逸度的岩浆中才可能存在(O'Neill *et al.*,2008;Che *et al.*,2013;Wade *et al.*,2013)。大湖塘五种花岗岩中,G2 不含有黑云母,在此不对 G2 进行氧逸度的讨论。在图 8-1 中,Fe^{3+}-Fe^{2+}-Mg 图解显示了以黑云母成分估算的花岗岩 G3 和 G4 的氧逸度高于 Ni-NiO(NNO)缓冲线,G1 的氧逸度低于 Fe_2SiO_4-SiO_2-Fe_3O_4(QFM)缓冲线,G5 的氧逸度位于 NNO 与 QFM 缓冲线之间。花岗岩 G1 结晶时的氧逸度低于 G3-G5 的氧逸度。但这四种花岗岩的氧逸度都位于 IW-3.6 缓冲线以上,这个范围内氧逸度的变化不会引起钨元素价态的改变,因此钨在这四种花岗岩中主要都以+6 价的价态存在。

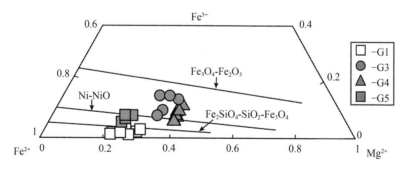

图 8-1　大湖塘花岗岩样品的黑云母氧逸度图解

(据 Wones and Eugster,1965a)

花岗岩浆演化的早阶段,钨元素可以赋存在副矿物金红石中,而在岩浆演化的晚阶段可以赋存在造岩矿物如云母中(Linnen and Cuney,2005),也可以赋存于副矿物黑钨矿与白钨矿中(Che *et al.*,2013;图 4-2)。刘英俊等(1984)认为白云母和金红石的钨含量分别高达 96 ppm 和 2000 ppm;Breiter *et al.*(2007)报道了过铝质花岗岩中金红石的钨含量 $w(WO_3)$ 可达 3.6%。在结晶分异的早期,W^{6+} 可替代 Ti^{4+} 进入金红石,同时伴随对 Fe 的取代来保持总体价态的平衡(Rice *et al.*,

1998),这样可使大量的 W^{6+} 进入金红石,并且使结晶分异的晚期岩浆中的钨的浓度相对降低。但是,花岗岩通常含有钛铁矿和钛磁铁矿作为主要含 Ti 的副矿物,而不是金红石(Haggerty,1976)。金红石可以稳定存在于高分异的、低 Fe 和 Mg 含量的单一成分的花岗岩(Keppler,1993)。花岗岩 G1、G3、G4 和 G5 含有 $w(Fe_2O_3t)$ 0.79%～1.5% 和 $w(MgO)$ 0.21%～0.37% 属于低钙型花岗岩的正常范畴(Turekian and Wedepohl,1961),因此金红石可能并非是这四种花岗岩浆早期阶段结晶的矿物。并且,Mengason et al.(2011)的实验结果显示:①钨在硅酸盐流体与硫化物相之间的分配系数不会受到氧逸度和硫逸度的影响而发生很大的变化;②岩浆中硫化物的加入或分离并不会影响岩浆中钨的含量(Sun et al.,2004;Mengason et al.,2011)。所以,结晶分异过程能够使钨元素在残余的熔体中持续的累积。

对流体包裹体、同位素地球化学以及野外岩石矿体的穿切关系的研究表明,花岗岩岩浆能够以岩浆热液模式进行成矿(Ishihara,1977;Candela and Bouton,1990;Linnen and Cuney,2005;Maulana et al.,2013)。钨矿床与还原性的花岗岩岩浆有关,这种岩浆属于典型的钛铁矿系列的岩浆(Ishihara,1977),例如日本 Ryoke 变质带中的花岗岩(Sato,1980),印度尼西亚 Sulawesi 地区的花岗岩(Maulana et al.,2013)和爱尔兰东南部的 Leinster 花岗岩岩基(Gallagher,1989)。在岩浆演化的晚期,氧逸度能够控制钨从岩浆中转移到成矿流体中的含量。这个观点已经被钨的流体/矿物的分配系数的实验所证实(Candela and Bouton,1990;Bali et al.,2012),低氧逸度的条件能够促进钨在热液流体中的聚积。而且,Ague and Brimhall(1988)也发现形成钨矿的氧逸度的条件要低于 QFM 缓冲线。在已知氧逸度的四种花岗岩中,G1 的氧逸度是唯一低于 QFM 缓冲线的,其他三种花岗岩 G3～G5 有着较高的氧逸度(图 8-1)。花岗岩 G1 在低氧逸度的环境中,能使大量的钨从岩浆中转移到热液流体中。考虑到钨矿体与花岗岩 G1 的野外穿切关系以及一致的年代学,以及矿体中硫化物硫铅同位素与花岗岩全岩硫铅同位素的一致,G1 花岗岩很可能是大湖塘钨矿成矿物质的来源。花岗岩 G3～G5 具有较高的氧逸度,使钨元素在岩浆演化的晚阶段更多地存留在造岩矿物中(如云母),它们与大湖塘钨矿的关系还需要进一步的证实。花岗岩从双桥山群富钨的变质沉积岩部分熔融而来,经过高度的结晶分异作用使得钨元素富集在花岗岩中。虽然花岗岩 G1 的钨元素大量转移进入了成矿流体中,它仍然具有较高的钨含量 28～102 ppm。

8.2 大湖塘含钨多金属矿床的成矿模式

在早白垩世,华南板块受到太平洋板块俯冲后撤的影响处于拉张伸展的构造环境,在长江中下游裂谷与赣杭带分别出现了埃达克岩和 A-型花岗岩,这些花岗岩的同位素特征反映源区具有地幔物质的参与,进一步证实了这两个地区早白垩世存在岩石圈减薄软流圈上涌。江南造山带的九岭大湖塘地区处于长江中下游裂谷带九瑞地区与赣杭带的相山地区之间,在新元古世由于华夏与扬子的碰撞形成巨厚的造山带,区内双桥山群中的变质沉积泥质岩富含钨元素,该地区的岩石圈拉张受到软流圈上涌的热扰动,上部地壳熔融,其中新元古世的变质泥质岩部分熔融形成了富含钨元素的 S-型花岗岩岩浆。通过对花岗岩 G1、G3~G5 中黑云母及 G1~G5 中的白云母的研究发现这些云母都具有高氟的特点,氟化物的存在使沉积源区部分熔融时钨更有效的进入硅酸盐熔体(Manning,1984;Manning and Henderson,1984),使岩浆初步富集钨元素。Robb(2005)也认为钨锡矿床与同期侵入的 S-型花岗岩有关,这种 S-型的花岗岩是陆壳中变质沉积岩部分熔融而来。Candela(1992)认为钨矿床与还原性的含钛铁矿的 S-型花岗岩有关,这种花岗岩结晶时位于相对于 Cu-Mo 矿有关的 I-型花岗岩要深的上部地壳中。从双桥山群中变质沉积岩部分熔融而来的 S-型花岗岩岩浆 G1 具有富水的特点,而且具有过铝质及还原性的特点。G1 的变质沉积岩的源区很可能较其他三种花岗岩源区更富含有机碳质,能够使部分熔融形成的岩浆体系富含更多的甲烷等还原性气体。在还原性与过铝质的条件下,G1 岩浆熔体的水饱和度较高,在岩浆水饱和沸腾成矿流体从熔体中分离之前,G1 岩浆可以达到最大程度的结晶分异。因为除了金红石外,钨在其他矿物中分配系数都非常小,随着岩浆结晶分异的进行,钨在剩余熔体中的浓度将会增加。在还原的条件下,G1 岩浆演化后期水饱和沸腾,分离出成矿流体,钨在流体/熔体中的分配系数远高于氧化条件下的分配系数,能使钨元素大量进入成矿流体。成矿流体侵入岩浆周围构造薄弱带遇地球化学障而沉淀成矿。

第9章　主要结论

本书主要通过对江南造山带九岭大湖塘地区的五种可能与成矿有关的花岗岩开展了矿物学、锆石 U-Pb 年代学、元素地球化学、Sr-Nd-Hf-Pb 同位素组成和石英脉中硫化物 S-Pb 同位素组成等方面的研究,并且总结归纳近年来已有的研究成果,得出了以下几点结论。

(1)锆石 U-Pb 年代学表明,九岭大湖塘地区的燕山期花岗杂岩体形成时代为130~144 Ma;岩浆侵入活动可以分为早晚两个期次,早期形成的花岗岩 G1 的年代为 144 Ma,晚期形成的花岗岩 G2~G5 的年代为 130~134 Ma,表明该地区早白垩世的岩浆活动持续超过 14 Ma,代表了九岭地区燕山期岩浆活动的起始时间应该为晚侏罗世与早白垩世的交接时段。

(2)大湖塘地区的五种花岗岩具有高分异 S-型花岗岩的地球化学特征,如花岗岩 G1、G3~G5 具强过铝质 G2 具过铝质特点,五种花岗岩都是高硅碱性、富集 LILE,高的 Ga/Al 比值,贫 Sr、Ba、REE 和 HFSEs,具有低温、富水的特征。G1~G5 都具有高钨含量,最高达到了 355 ppm。且在 G1~G5 的花岗岩中发现了原生的黑钨矿和白钨矿。虽然 G5 的钨含量在大约是 10 ppm,但仍然发现了原生的黑钨矿。

(3)大湖塘花岗杂岩体的 Nd 同位素位于双桥山群岩石的 Nd 同位素的演化区间内,略高于华南元古代地壳的 Nd 同位素演化。这五种花岗岩的模式年龄都指示了花岗岩的源区很可能来源于晚中元古世的亏损地幔。主微量元素相关图解以及 $\varepsilon_{Hf}(t)$ 值的峰值指示了 G1,G2 和 G3~G5 应该是来源于不同的源区,G2 很可能是某两种源区的混合,而 G3~G5 很可能是同源岩浆结晶分异形成的,但 G1~G5 的原岩都属于双桥山群的泥质岩,且它们的化学成分相近。

(4)大湖塘花岗岩 G1~G5 微量元素的变化特征源于自身岩浆结晶分异机制,没有继承源区双桥山群变质沉积岩的地球化学特征。存在三种不同的岩浆结晶分异趋势:G1,G2 和 G3~G5,且花岗岩 G4 随着结晶分异的进行演化到 G5 最后演化到 G3。G1~G5 具有明显的 Eu 异常和 Sr 的亏损,源区岩石部分熔融后残留斜长石,LREE 的含量降低可能是独居石的结晶分异引起的,MREE 和 HREE 的降低主要是受到磷灰石和锆石的结晶分异引起。

（5）大湖塘花岗岩的地质年代学显示九岭地区的岩浆活动从 144 Ma 开始持续到 130 Ma。根据前人的研究表明，江西九瑞与相山地区的燕山期花岗岩与拉张的构造环境、白垩纪岩石圈减薄及地幔上涌有关，大湖塘花岗岩很可能也形成于这一广泛拉张的构造背景下。

（6）通过对石英脉中硫化物的 S-Pb 同位素组成以及白钨矿的 Sm-Nd 同位素组成的测定表明，矿脉中金属硫化物的铅同位素与燕山期花岗岩中钾长石的铅同位素范围一致，硫化物的 Pb 源应为燕山期花岗岩岩浆。矿脉中金属硫化物的硫同位素变化范围较小的负值，呈塔式分布，也指示了燕山期花岗岩浆来源。白钨矿的 Sm-Nd 同位素构筑的等时线显示成矿年龄为（142.4±8.9）Ma，属于早白垩世，且白钨矿的 $\varepsilon_{Nd}(t)$ 值投影区域落在燕山期花岗岩 $\varepsilon_{Nd}(t)$ 值的范围内，推测应与同时期侵入的花岗岩 G1 有关系。

（7）从双桥山群中变质沉积岩富含钨元素，部分熔融形成 S-型花岗岩岩浆初步富集了源区的钨元素，G1～G5 的花岗岩岩浆分别进行了不同程度的结晶分异作用，进一步在岩浆中富集了钨元素。G1 的氧逸度低于 QFM 缓冲线，具有最低的还原性。G1 岩浆演化后期水饱和沸腾分离出流体，且在氧逸度低于 QFM 的还原条件下，钨在流体/熔体中的分配系数远高于氧化条件下的分配系数，能使钨元素大量进入成矿流体。

参 考 文 献

Abdel-Rahman A M. Nature of Biotites from Alkaline, Calc-alkaline, and Peraluminous Magmas. Journal of Petrology, 1994, 35:525-541.

Ague J J and Brimhall G H. Magmatic arc asymmetry and distribution of anomalous plutonic belts in the batholiths of California: effects of assimilation, crustal thickness, and depth of crystallization. Geological Society of America Bulletin, 1988, 100(6):912-927.

Amelin Y, Lee D, Halliday AN, et al. Nature of the Earth's earliest crust from hafnium isotopes in single detrital zircons. Nature, 1999, 399(6733):252-255.

Andersen T. Correction of common lead in U-Pb analyses that do not report 204Pb. Chemical Geology, 2002, 192:59-79.

Arth J G. Behavior of trace elements during magmatic processes-a summary of theoretical models and their applications. J. Res. US Geol. Surv, 1976, 4(1): 41-47.

Aydin F, Karsli O and Sadiklar MB. Mineralogy and chemistry of biotites from Eastern Pontide granitoid rocks, NE-Turkey: Some petrological implications for granitoid magmas. Chemie Der Erde-Geochemistry, 2003, 63(2):163-182.

Bali E, Keppler H and Audetat A. The mobility of W and Mo in subduction zone fluids and the Mo-W-Th-U systematics of island arc magmas. Earth and Planetary Science Letters, 2012, 351:195-207.

Barbarin B. Genesis of the two main types of peraluminousgranitoids. Geology, 1996, 24(4):295-298.

Barbarin B. A review of the relationships between granitoid types, their origins and their geodynamic environments. Lithos, 1999, 46(3):605-626.

Bath A B, Walshe J L, Cloutier J, et al. Biotite and Apatite as Tools for Tracking Pathways of Oxidized Fluids in the Archean East Repulse Gold Deposit, Australia. Economic Geology, 2013, 108(4):667-690.

Battaglia S. Applying X-ray geothermometer diffraction to a chlorite. Clays and Clay Minerals, 1999, 47(1):54-63.

Bea F. Residence of REE, Y, Th and U in granites and crustal protoliths: implications for the chemistry of crustal melts. Journal of Petrology, 1996, 37(3): 521-552.

Bischoff A and Palme H. Composition and mineralogy of refractory-metal-rich assemblages from a Ca, Al-rich inclusion in the Allende meteorite. Geochim. Cosmochim. Acta, 1987, 51: 2733-2748.

Borodina NS and Fershtater GB. Composition and nature of muscovite in granites. International Geology Review, 1988, 30(4): 375-381.

Bouvier A, Vervoort J D and Patchett P J. The Lu-Hf and Sm-Nd isotopic composition of CHUR: constraints from unequilibrated chondrites and implications for the bulk composition of terrestrial planets. Earth and Planetary Science Letters, 2008, 273(1): 48-57.

Boynton W V. Cosmochemistry of the rare earth elements: meteoric studies. Rare Earth Element Geochemistry, 1984, 2: 63-114.

Breiter K, Fryda J, Seltmann R, et al. Mineralogical evidence for two magmatic stages in the evolution of an extremely fractionated P-rich rare-metal granite: the Podlesí stock, Krušné hory, Czech Republic. Journal of Petrology, 1997, 38(12): 1723-1739.

Breiter K, Škoda R and Uher P. Nb-Ta-Ti-W-Sn-oxide minerals as indicators of a peraluminous P-and F-rich granitic system evolution: Podlesí, Czech Republic. Mineralogy and Petrology, 2007, 91(3-4): 225-248.

Breiter K. Nearly contemporaneous evolution of the A-and S-type fractionated granites in the Krušné hory/Erzgebirge Mts., Central Europe. Lithos, 2012, 151: 105-121.

Buddington A F and Lindsley D H. Iron-titanium oxide minerals and synthetic equivalents. Journalof Petrology, 1964, 5(2): 310-357.

Candela P A and Bouton S L. The influence of oxygen fugacity on tungsten and molybdenum partitioning between silicate melts and ilmenite. Economic Geology, 1990, 85(3): 633-640.

Candela P A. Controls on ore metal ratios in granite-related ore systems: an experimental and computational approach. Transactions of the Royal Society of Edinburgh: Earth Sciences, 1992, 83(1-2): 317-326.

Cathelineau M. Cation site occupancy in chlorites and illites as function of temperature. Clay Minerals, 1988, 23(4): 471-485.

Champion D C and Bultitude R J. The geochemical and Sr-Nd isotopic characteristics of paleozoic fractionated S-types granites of north Queensland:implications for S-type granite petrogenesis. Lithos,2013,162-163:37-56.

Champion D C and Chappell B W. Petrogenesis of felsic I-type granites:an example from northern Queensland. Transactions of the Royal Society of Edinburgh: Earth Sciences,1992,83(1-2):115-126.

Chappell B W and Stephens W E. Origin ofinfracrustal(I-type) granite magmas. Transactions of the Royal Society of Edinburgh:Earth Sciences,1988,79(2-3): 71-86.

Chappell B W and White A. Two contrasting granite types. Pacific Geology,1974,8 (2):173-174.

Chappell B W and White A. I-and S-type granites in the Lachlan Fold Belt. Transactions of the Royal Society of Edinburgh:Earth Sciences,1992,83(1):26.

Chappell B W and White A J R. Two contrasting granite types:25 years later. Australian Journalof Earth Sciences,2001,48(4):489-499.

Chappell B W,Bryant C J and Wyborn D. Peraluminous I-type granites. Lithos, 2012,153:142-153.

Chappell B W. Aluminium saturation in I-and S-type granites and the characterization of fractionated haplogranites. Lithos,1999,46(3):535-551.

Charvet J,Lapierre H and Yu Y. Geodynamic significance of the Mesozoic volcanism of southeastern China. Journal of Southeast Asian Earth Sciences, 1994,9(4):387-396.

Che X D,Linnen R L,Wang R C,et al. Tungsten solubility in evolved granitic melts: An evaluation of magmatic wolframite. Geochimica et Cosmochimica Acta,2013,106:84-98.

Chen C H,Lee C Y andShinjo R I. Was there Jurassic paleo-Pacific subduction in South China?:Constraints from $^{40}Ar/^{39}Ar$ dating,elemental and Sr – Nd – Pb isotopic geochemistry of the Mesozoic basalts. Lithos,2008,106(1-2):83-92.

Chen J and Jahn B. Crustal evolution of southeastern China:Nd and Sr isotopic evidence. Tectonophysics,1998,284(1):101-133.

Chen J,Halls C andStanley C J. Tin-bearing skarns of south China-geological setting and mineralogy. Ore Geology Reviews,1992,7(3):225-248.

Chen J,Wang R,Zhu J,et al. Multiple-aged granitoids and related tungsten-tin mineralization in the Nanling Range, South China. Science China Earth Sciences, 2013,56,12:2045-2055.

Chu N, Taylor R N, Chavagnac V, et al. Hf isotope ratio analysis using multi-collector inductively coupled plasma mass spectrometry: an evaluation of isobaric interference corrections. Journal of Analytical Atomic Spectrometry, 2002,17(12):1567-1574.

Chu Z Y, Chen F K, Yang Y H, et al. Precise determination of Sm, Nd concentrations and Nd isotopic compositions at the nanogram level in geological samples by thermal ionization mass spectrometry. J. Anal. At. Spectrom, 2009,24:1534-1544.

Chu Z Y, Guo J H, Yang Y H, et al. Evaluation of sample dissolution method for Sm-Nd isotopic analysis of scheelite. J. Anal. At. Spectrom, 2012,27:509-515.

Clarke D B. The mineralogy of peraluminous granites: a review. Canadian Mineralogist, 1981,19(1):1-17.

Clemens J D. S-type granitic magmas-petrogenetic issues, models and evidence. Earth-Science Reviews, 2003,61(1):1-18.

Cobbing E J, Mallick D, Pitfield P, et al. The granites of the Southeast Asian tin belt. Journal of Geological Society, 1986,143(3):537-550.

Collins W J, Beams S D, White A J R, et al. Nature and origin of A-type granites with particular reference to southeastern Australia. Contributions to Mineralogy and Petrology, 1982,80(2):189-200.

Cuney M and Friedrich M. Physiochemical and crystal chemical controls on accessory mineral paragenesis in granitoids: implications for uranium metallogenesis. Bulletin Mineralogie, 1987,110:235-247.

Cuney M. The extreme diversity of uranium deposits. Mineralium Deposita, 2009, 44(1):3-9.

Cuney M. Evolution of uranium fractionation processes through time: driving the Secular variation of uranium deposit types. Economic Geology, 2010,105(3SI): 553-569.

De Albuquerque C A. Geochemistry ofbiotites from granitic rocks, northern Portugal. Geochimica et Cosmochimica Acta, 1973,37(7):1779-1802.

De C andWalshe L. Chlorite geothermometry: a review. Clays and Clay Minerals, 1993,41(2):219-239.

Deer W A, Howie R A andIussman J. Rock-forming minerals: Sheet silicates.

London. Longman,1962:270.

Deng J,Wang Q F,Xiao C H,*et al*. Tectonic-magmatic-metallogenic system, tongling ore cluster region, Anhui Province, China. International Geology Review,2011,53(5-6):449-476.

Deng J F,Mo X X,Zhao H L,*et al*. A new model for the dynamic evolution of Chinese lithosphere:continental roots-plume tectonics. Earth-Science Reviews, 2004,65(3-4):223-275.

Ding X,Jiang S Y,Zhao K D,*et al*. In-situ U-Pb SIMS dating and trace element (EMPA) composition of zircon from a granodiorite porphyry in the Wushan copper deposit,China. Mineralogy and Petrology,2006,86:29-44.

Earley D, Dyar M D, Ilton E S,*et al*. The influence of structural fluorine on biotite oxidation in copper-bearing,aqueous solutions at low temperatures and pressures. Geochimica et Cosmochimica Acta,1995,59(12):2423-2433.

Eby G N. Chemical subdivision of the A-type granitoids:petrogenetic and tectonic implications. Geology,1992,20(7):641-644.

Ei. Bouseilly A M and Ei. Sokkary A A. The relation between Rb,Ba and Sr in granitic rocks. Chemical Geology,1975,16(16):207-219.

Ellis D J and Thompson A B. Subsolidus and partial melting reactions in the quartz-excess $CaO+MgO+Al_2O_3+SiO_2+H_2O$ system under water-excess and water-deficient conditions to 10 kb:some implications for the origin of peraluminous melts from mafic rocks. Journal of Petrology,1986,27(1):91-121.

Ertel W,O'Neill H S C,Dingwell D B,*et al*. Solubility of tungsten in a haplobasaltic melt as a function of temperature and oxygen fugacity. Geochimica et Cosmochimica Acta,1996,60(7):1171-1180.

Fayek M,Horita J and Ripley E M. The oxygen isotopic composition of uranium minerals:a review. Ore Geology Reviews,2011,41(1):1-21.

Feng Z H,Wang C Z,Zhang M H,*et al*. Unusually dumbbell-shaped Guposhan-Huashan twin granite plutons in Nanling Range of south China:Discussion on their incremental emplacement and growth mechanism. Journal of Asian Earth Sciences,2012,48(2):9-23.

Ferreira V P,Valley J W,Sial A N,*et al*. Oxygen isotope compositions and magmatic epidote from two contrasting metaluminous granitoids,NE Brazil. Contributions to Mineralogy and Petrology,2003,145(2):205-216.

Fogliata A S, Báez M A, Hagemann S G, et al. Post-orogenic, Carboniferous granite-hosted Sn-W mineralization in the Sierras Pampeanas Orogen, Northwestern Argentina. Ore Geology Reviews, 2012a, 45: 16-32.

Fogliata A S, Báez M A, Hagemann S G, et al. Post-orogenic, Carboniferous granite-hosted Sn-W mineralization in the Sierras Pampeanas Orogen, Northwestern Argentina. Ore Geology Reviews, 2012b, 45: 16-32.

Fogliata A S, Rubinstein N, Ávila J C, et al. Depósitos de greisen asociados a granitos carboníferos post-orogénicos con potencial mineralizador, Sierra de Fiambalá, Catamarca, Argentina. Boletín Geológico y Minero, 2010, 119(4): 509-524.

Förster H, Tischendorf G, Trumbull R B, et al. Late-collisional granites in the Variscan Erzgebirge, Germany. Journal of Petrology, 1999, 40(11): 1613-1645.

Fujimaki H. Partition coefficients of Hf, Zr, and REE between zircon, apatite, and liquid. Contributions to Mineralogy and Petrology, 1986, 94(1): 42-45.

Gallagher V. Geological and isotope studies of microtonalite-hosted W-Sn mineralization in SE Ireland. Mineralium Deposita, 1989, 24(1): 19-28.

Gaudemer Y, Jaupart C and Tapponnier P. Thermal control on post-orogenic extension in collision belts. Earth and Planetary Science Letters, 1988, 89(1): 48-62.

Gilder S A, Keller G R, Luo M, et al. Timing and Spatial-Distribution of Rifting in China. Tectonophysics, 1991, 197: 225-243.

Goldstein S L, O'Nions R K and Hamilton P J. A Sm-Nd isotopic study of atmospheric dusts and particulates from major river systems. Earth and Planetary Science Letters, 1984, 70(2): 221-236.

Griffin W L, Pearson N J, Belousova E, et al. The Hf isotope composition of cratonic mantle: LAM-MC-ICPMS analysis of zircon megacrysts in kimberlites. Geochimica et Cosmochimica Acta, 2000, 64(1): 133-147.

Griffin W L, Wang X C, Jackson S E, et al. Zircon chemistry and magma mixing, SE China: in-situ analysis of Hf isotopes, Tonglu and Pingtan igneous complexes. Lithos, 2002, 61(3): 237-269.

Guo C L, Mao J W, Bierlein F, et al. SHRIMP U-Pb(zircon), Ar-Ar(muscovite) and Re-Os(molybdenite) isotopic dating of the Taoxikeng tungsten deposit, South China Block. Ore Geology Reviews, 2011, 43(1): 26-39.

Guo F，Fan W，Li C，*et al*. Multi-stage crust-mantle interaction in SE China：Temporal，thermal and compositional constraints from the Mesozoic felsic volcanic rocks in eastern Guangdong-Fujian provinces. Lithos，2011，150：62-84.

Haggerty S E. Opaque mineral oxides in terrestrial igneous rocks. Oxide Minerals，1976，3：101-301.

Hawkesworth C J and Kemp A. Using hafnium and oxygen isotopes in zircons to unravel the record of crustal evolution. Chemical Geology，2006，226(3)：144-162.

He Z Y and Xu X S. Petrogenesis of the Late Yanshanian mantle-derived intrusions in southeastern China：Response to the geodynamics of paleo-Pacific plate subduction. Chemical Geology，2012，328：208-221.

He Z Y，Xu X S，Zou H B，*et al*. Geochronology，petrogenesis and metallogeny of Piaotang granitoids in the tungsten deposit region of South China. Geochemical Journal，2010a，44(4)：299-313.

He Z Y，Xu X S and Niu Y. Petrogenesis and tectonic significance of a Mesozoic granite-syenite-gabbro association from inland South China. Lithos，2010b，119(3)：621-641.

Henderson P. General geochemical properties and abundances of the rare earth elements. Rare earth element geochemistry，1984，2：1-32.

Hillier S. Origin，diagenesis，and mineralogy of chlorite minerals in Devonian lacustrinemudrocks，Orcadian Basin，Scotland. Clays And Clay Minerals，1993，41：240.

Hou Z，Pan X，Li Q，*et al*. The giant Dexing porphyry Cu-Mo-Au deposit in eastChina：product of melting of juvenile lower crust in an intracontinental setting. Mineralium Deposita，2013，48(8)：1019-1045.

Hou Z Q，Gao Y F and Meng X L. Genesis of adakitic porphyry and tectonic controls on the Gangdese Miocene porphyry copper belt in the Tibetan orogen. Acta Petrologica Sinica，2004，20：239-248.

Hsü K J，Li J，Chen H，*et al*. Tectonics of South China：Key to understanding West Pacific geology. Tectonophysics，1990，183：9-39.

Hu R Z，Bi X W，Zhou M F，*et al*. Uranium metallogenesis inSouth China and its relationship to crustal extension during the Cretaceous to Tertiary. Economic Geology，2008，103：538-598.

Hu R Z，Burnard P G，Bi X W，*et al*. Mantlederived gaseous components in ore-forming fluids of the Xiangshan uranium deposit, Jiangxi province, China: evidence from He, Ar and C isotopes. Chemical Geology, 2009, 266(1-2): 86-95.

Hu Z C, Liu Y S, Chen L, et al. Contrasting matrix induced elemental fractionation in NIST SRM and rock glasses during laser ablation ICP-MS analysis at high spatial resolution. Journal of Analytical Atomic Spectrometry, 2011, 26(2): 425-430.

Hua R M, Chen P R, Zhang W L, et al. Metallogenesis related to Mesozoic granitoids in the Nanling Range, South China and their geodynamic settings. Acta Geologica Sinica - English Edition, 2005a, 79(6): 810-820.

Hua R, Chen P, Zhang W, et al. Three large-scale metallogenic events related to the Yanshanian period in Southern China. Mineral Deposit Research: Meeting the Global Challenge, 2005b, 401-404.

Hua R M, Zhang W L, Gu S Y, et al. Comparison between REE granite and W-Sn granite in the Nanling region, South China, and their mineralizations. Acta Petrologica Sinica, 2007, 23(10): 2321-2328.

Inoue A. Formation of clay minerals in hydrothermal environments. Origin andMineralogy of Clays, 1995, 268-329.

Irber W. The lanthanide tetrad effect and its correlation with K/Rb, Eu/Eu*, Sr/Eu, Y/Ho, and Zr/Hf of evolving peraluminous granite suites. Geochimica et Cosmochimica Acta, 1999, 63(3): 489-508.

Ishihara S. The magnetite-series and ilmenite-series granitic rocks. Mining Geology, 1977, 27(145): 293-305.

Jackson S E, Pearson N J and Griffin W L. The application of laser ablation-inductively coupled plasma-mass spectrometry to in situ U-Pb zircon geochronology. Chemical Geology, 2004, 211: 47-69.

Jacobsen S B and Wasserburg G J. Sm-Nd isotopic evolution of chondrites. Earthand Planetary Science Letters, 1980, 50(1): 139-155.

Jahn B M and Condie K C. Evolution of the Kaapvaal Craton as viewed from geochemical and Sm-Nd isotopic analyses of intracratonic pelites. Geochimica et Cosmochimica Acta, 1995, 59(11): 2239-2258.

Jahn B M, Zhou X H and Li J L. Formation and tectonic evolution of southeastern China and Taiwan-isotopic and geochemical constraints. Tectonophysics, 1990, 183(1-4): 145-160.

Jiang Y H, Jiang S Y, Zhao K D, et al. Petrogenesis of Late Jurassic Qianlishan granites and mafic dykes, Southeast China: implications for a back-arc extension setting. Geological Magazine, 2006a, 143(4): 457-474.

Jiang Y H, Ling H F, Jiang S Y, et al. Trace element and Sr-Nd isotope geochemistry of fluorite from the Xiangshan uranium deposit southeast China. Economic Geology, 2006b, 101(8): 1613-1622.

Jiang Y H, Jia R Y, Liu Z, et al. Origin of Middle Triassic high-K calc-alkaline granitoids and their potassic microgranular enclaves from the western Kunlun orogen, northwest China: A record of the closure of Paleo-Tethys. Lithos, 2013, 156-159: 13-30.

Jiang Y H, Jiang S Y and Dai B Z. Middle to late Jurassic felsic and mafic magmatism in southern Hunan province, southeast China: Implications for a continental arc to rifting. Lithos, 2009, 107: 185-204.

Jiang Y H, Zhao P, Zhou Q, et al. Petrogenesis and tectonic implications of Early Cretaceous S-and A-type granites in the northwest of the Gan-Hang rift, SE China. Lithos, 2011, 121(1-4): 55-73.

Mao J W, Cheng Y B, Chen M H, et al. Major types and time-space distribution of Mesozoic ore deposits in South China and their geodynamic settings. Mineralium Deposita, 2013, 48(3): 267-294.

Jung S and Pfänder J A. Source composition and melting temperatures of orogenic granitoids: constraints from CaO/Na_2O, Al_2O_3/TiO_2 and accessory mineral saturation thermometry. European Journal of Mineralogy, 2007, 19(6): 859-870.

Kempe U and Wolf D. Anomalously high Sc contents in ore minerals from Sn-W deposits: Possible economic significance and genetic implications. Ore Geology Reviews, 2006, 28(1): 103-122.

Keppler H and Wyllie P J. Partitioning of Cu, Sn, Mo, W, U and Th between melt and aqueous fluid in the systems haplogranite-H_2O-HCl and haplogranite-H_2O-HF. Contributions to Mineralogy and Petrology, 1991, 109: 139-150.

Keppler H. Influence of fluorine on the enrichment of high field strength trace elements in granitic rocks. Contributions to Mineralogy and Petrology, 1993, 114(4): 479-488.

Kesler S E, Issigonis M J, Brownlow A H, et al. Geochemistry of biotites from mineralized and barren intrusive systems. Economic Geology, 1975, 70 (3): 559-567.

King P L, Chappell B W, Allen C M, et al. Are A-type granites the high-temperature felsic granites evidence from fractionated granites of the Wangrah Suite. Australian Journal of Earth Sciences, 2001, 48(4):501-514.

King P L, White A, Chappell B W, et al. Characterization and origin of aluminous A-type granites from the Lachlan Fold Belt, southeastern Australia. Journal of Petrology, 1997, 38(3):371-391.

Koester E, Pawley A R, Fernandes L A D, et al. Experimental melting of cordierite gneiss and the petrogenesis of syntranscurrent peraluminous granites in southern Brazil. Journal of Petrology, 2002, 43(8):1595-1616.

Kranidiotis P and Maclean W H. Systematics of chlorite alteration at the Phelps Dodge massive sulfide deposit, Matagami, Quebec. Economic Geology, 1987, 82 (7):1898-1911.

Laird J. Chlorites: metamorphic petrology. Reviews in Mineralogy and Geochemistry, 1988, 19(1):405-453.

Landenberger B and Collins W J. Derivation of A-type granites from a dehydrated charnockitic lower crust: evidence from the Chaelundi complex, Eastern Australia. Journal of Petrology, 1996, 37(1):145-170.

Landis G P andRye R O. Geologic, fluid inclusion, and stable isotope studies of the Pasto Buena tungsten-base metal ore deposit, Northern Peru. Economic Geology, 1974, 69(7):1025-1059.

Lapierre H, Jahn B M, Charvet J, et al. Mesozoic felsic arc magmatism and continental olivine tholeiites in Zhejiang Province and their relationship with the tectonic activity in southeastern China. Tectonophysics, 1997, 274 (4): 321-338.

Li B, Xie Y, Zhao R, et al. Magmatic process and geochemistry of Yangchuling calc-alkaline complex, Jiangxi Province. Chinese Journal of Geochemistry, 1986, 5(1):15-33.

Li P J, Yu X Q, Li H Y, et al. Jurassic-Cretaceous tectonic evolution of Southeast China: geochronological and geochemical constraints of Yanshanian granitoids. International Geology Review, 2013a, 55(10):1202-1219.

Li X, Hu R, Rusk B, et al. U-Pb and Ar-Ar geochronology of the Fujiawu porphyry Cu-Mo deposit, Dexing district, Southeast China: Implications for magmatism, hydrothermal alteration, and mineralization. Journal of Asian Earth Sciences, 2013b, 74(SI):330-342.

Li X, Li Z, Ge W, *et al*. Neoproterozoic granitoids in South China: crustal melting above a mantle plume at ca. 825 Ma Precambrian Research, 2003, 122 (1): 45-83.

Li X H, Li W X, Li Z X, *et al*. Amalgamation between the Yangtze and Cathaysia Blocks in South China: constraints from SHRIMP U-Pb zircon ages, geochemistry and Nd-Hf isotopes of the Shuangxiwu volcanic rocks. Precambrian Research, 2009, 174(1):117-128.

Li X H, Li W X, Wang X C, *et al*. SIMS U-Pb zircon geochronology of porphyry Cu-Au-(Mo) deposits in the Yangtze River Metallogenic Belt, eastern China: magmatic response to early Cretaceous lithospheric extension. Lithos, 2010, 119 (3):427-438.

Li X H, Li Z X, Li W X, *et al*. U-Pb zircon, geochemical and Sr-Nd-Hf isotopic constraints on age and origin of Jurassic I-and A-type granites from central Guangdong, SE China: A major igneous event in response to foundering of a subducted flat-slab Lithos, 2007, 96:186-204.

Li X H, Liu D Y, Sun M, *et al*. Precise Sm-Nd and U-Pb isotopic dating of the supergiant Shizhuyuan polymetallic deposit and its host granite, SE China. Geological Magazine, 2004, 141(2):225-231.

Li XH. Cretaceous magmatism and lithospheric extension in Southeast China. Journal of Asian Earth Sciences, 2000, 18:293-305.

Li Z, Bogdanova S V, Collins A S, *et al*. Assembly, configuration, and break-up history of Rodinia: a synthesis. Precambrian Research, 2008, 160(1):179-210.

Li Z, Li X, Chung S, *et al*. Magmatic switch-on and switch-off along the South China continental margin since the Permian: Transition from an Andean-type to a Western Pacific-type plate boundary. Tectonophysics, 2012, 532:271-290.

Li Z, Qiu J and Yang X. A review of the geochronology and geochemistry of Late Yanshanian(Cretaceous) plutons along theFujian coastal area of southeastern China: Implications for magma evolution related to slab break-off and rollback in the Cretaceous. Earth-Science Reviews, 2014, 128:232-248.

Li Z, Wartho J, Occhipinti S, *et al*. Early history of the eastern Sibao Orogen

(South China) during the assembly of Rodinia: New mica $^{40}Ar/^{39}Ar$ dating and SHRIMP U-Pb detrital zircon provenance constraints. Precambrian Research, 2007, 159(1):79-94.

Li Z X and Li X H. Formation of the 1300 km-wide intracontinental orogen and post-orogenic magmatic province in Mesozoic South China: a flat-slab subduction model. Geology, 2007, 35:179-182.

Liew T C and Hofmann A W. Precambrian crustal components, plutonic associations, plate environment of the Hercynian Fold Belt of central Europe: indications from a Nd and Sr isotopic study. Contributions to Mineralogy and Petrology, 1988, 98(2):129-138.

Lin G, Zhou Y, Wei X R, et al. Structrual controls on fluid flow and related mineralization in the Xiangshan uranium deposit, Southern China. Journal of Geochemical Exploration, 2006, 89:231-234.

Ling H F, Shen W Z, Zhang B T, et al. Nd isotopic composition and material source of pre-and post-Sinian sedimentary rocks in Xiushui area, Jiangxi Province. Chinese Journal of Geochemistry, 1992, 11(1):80-87.

Ling M X, Wang F Y, Ding X, et al. Cretaceous ridge subduction along the lower Yangtze River Belt, eastern China. Economic Geology, 2009, 104(2):303-321.

Linnen R L, Cuney M. Granite-related rare-element deposits and experimental constraints on Ta-Nb-W-Sn-Zr-Hf mineralization, in Linnen RL and Samson IM, eds., rare-element geochemistry and mineral deposits. [C], 2005, 45-67.

Linnen R L, Pichavant M and Holtz F. The combined effects of f_{O_2} and melt composition on SnO_2 solubility and tin diffusivity in haplogranitic melts. Geochimica et Cosmochimica Acta, 1996, 60(24):4965-4976.

Linnen R L. The effect of water on accessory phase solubility in subaluminous and peralkaline granitic melts. Lithos, 2005, 80(1):267-280.

Liu C, Liu Z, Wu F, et al. Mesozoic accretion of juvenile sub-continental lithospheric mantle beneath South China and its implications: Geochemical and Re-Os isotopic results from Ningyuan mantle xenoliths. Chemical Geology, 2012b, 291:186-198.

Liu X, Fan H, Santosh M, et al. Remelting of Neoproterozoic relict volcanic arcs in the Middle Jurassic: Implication for the formation of the Dexing porphyry copper deposit, Southeastern China. Lithos, 2012a, 150:85-100.

Liu Y J, Li Y, Ji J F, et al. Geochemical studies on Au distribution and mineralization in the Northwest Jiangxi terrain. Chinese Journal of Geochemistry, 1994,13(1):1-12.

Liu Y S,Gao S,Hu Z C,et al. Continental and oceanic crust recycling-induced melt-peridotite interactions in the Trans-North China Orogen:U-Pb dating,Hf isotopes and trace elements in zircons from mantle xenoliths. Journal of Petrology,2010b,51(1-2):537-571.

Liu Y S,Hu Z C,Zong K Q,et al. Reappraisement and refinement of zircon U-Pb isotope and trace element analyses by LA-ICP-MS. Chinese Science Bulletin, 2010a,55(15):1535-1546.

London D. Geochemical features of peraluminous granites,pegmatites,and rhyolites as sources of lithophile metal deposits. Magmas,Fluids,and Ore Deposits,1995, 23:175-202.

López-Munguira A,Nieto F and Morata D. Chlorite composition and geothermometry: a comparative HRTEM/AEM-EMPA-XRD study of Cambrian basic lavas from the Ossa Morena Zone,SW Spain. Clay Minerals,2002,37(2):267-281.

Ludwig K R. Isoplot 3. 00 User's Manual:A Geochronological Toolkit for Microsoft Excel. Kenneth R. Ludwig,2003,70.

Lugmair G W and Marti K. Lunar initial ^{143}Nd/^{144}Nd:Differential evolution of the lunar crust and mantle. Earth and Planetary Science Letters,1978,39(3):349-357.

Mahood G and Hildreth W. Large partition coefficients for trace elements in high-silica rhyolites. Geochimica et Cosmochimica Acta,1983,47(1):11-30.

Manning D A C and Henderson P. The behaviour of tungsten in granitic melt-vapour systems. Contributions to Mineralogy and Petrology,1984,86:286-293.

Manning D A C. Volatile control of tungsten partitioning in granitic melt-vapour systems. Transactions of theInstitute of Mining and Metallurgy,1984,93: 185-293.

Mao J W,Wang Y T,Lehmann B,et al. Molybdenite Re-Os and albite^{40}Ar/^{39}Ar dating of Cu-Au-Mo and magnetite porphyry systems in the Yangtze River valley and metallogenic implications. Ore Geology Reviews, 2006, 29 (3): 307-324.

Mao J W,Xie G Q,Guo C L,et al. Large-scale tungsten-tin mineralization in the Nanling region,South China:metallogenic ages and corresponding geodynamic processes. Acta Petrologica Sinica,2007,23(10):2329-2338.

Maruyama S. Pacific-type orogeny revisited: Miyashiro-type orogeny proposed: Island Arc. 1997,6:91-120.

Maulana A, Watanabe K, Imai A, et al. Origin of Magnetite-and Ilmenite-series Granitic Rocks in Sulawesi, Indonesia: Magma Genesis and Regional Metallogenic Constraint. Procedia Earth and Planetary Science, 2013,6:50-57.

Mcdonough W F and Sun S S. The composition of the Earth. Chemical Geology, 1995,120(3):223-253.

Mengason M J, Candela P A and Piccoli P M. Molybdenum, tungsten and manganese partitioning in the system pyrrhotite-Fe-S-O melt-rhyolite melt: impact of sulfide segregation on arc magma evolution. Geochimica et Cosmochimica Acta, 2011, 75(22):7018-7030.

Miller C F, Stoddard E F, Bradfish L J, et al. Composition of plutonic musgovite: genetic implications. Canadian Mineralogist, 1981, 19:25-34.

Montel J. Experimental determination of the solubility of Ce-monazite in SiO_2-Al_2O_3-K_2O-Na_2O melts at 800℃, 2 kbar, under H_2O-saturated conditions. Geology, 1986,14(8):659-662.

Montel J M, Mouchel R and Pichavant M. High apatite solubilities in peraluminous melts. Terra Cognita, 1988, 8:71.

Mungall J E. Roasting the mantle: Slab melting and the genesis of major Au and Au-rich Cu deposits. Geology, 2002,30(10):915-918.

Munoz J L and Swenson A. Chloride-hydroxyl exchange in biotite and estimation of relative HCl/HF activities in hydrothermal fluids. Economic Geology, 1981, 76(8):2212-2221.

Munoz J L. Calculation of HF and HCl fugacities from biotite compositions: revised equations[C]. 1992:221.

Nabelek P I and Glascock M D. REE-depleted leucogranites, Black Hills, South Dakota: a consequence of disequilibrium melting of monazite-bearing schists. Journal of Petrology, 1995,36(4):1055-1071.

Nebel O, Scherer E E and Mezger K. Evaluation of the [87]Rb decay constant by age comparison against the U-Pb system. Earth and Planetary Science Letters, 2011,301(1):1-8.

Neiva A M R. Portuguese granites associated with Sn-W and Au mineralizations. Bulletin-Geological Society of Finland, 2002,74(1/2):79-101.

Nieto F. Chemical composition of metapelitic chlorites: X-ray diffraction and optical property approach. European Journal of Mineralogy, 1997, 9 (4): 829-841.

Norrish K and Hutton J T. An accurate X-ray spectrographic method for the analysis of a wide range of geological samples. Geochimica et Cosmochimica Acta, 1969, 33(4): 431-453.

Ohmoto H. Systematics of sulfur and carbon isotopes in hydrothermal ore deposits. Economic Geology, 1972, 67(5): 551-578.

O'Neill H S C and Eggins SM. The effect of melt composition on trace element partitioning: an experimental investigation of the activity coefficients of FeO, NiO, CoO, MoO_2 and MoO_3 in silicate melts. Chemical Geology, 2002, 186(1): 151-181.

O'Neill H S C, Berry A J and Eggins S M. The solubility and oxidation state of tungsten in silicate melts: implications for the comparative chemistry of W and Mo in planetary differentiation processes. Chemical Geology, 2008, 255 (3): 346-359.

Pan Y M and Dong P. The Lower Changjiang (Yangzi/Yangtze River) metallogenic belt, east centralChina: intrusion-and wall rock-hosted Cu-Fe-Au, Mo, Zn, Pb, Ag deposits. Ore Geology Reviews, 1990, 15(4): 177-242.

Patchett P J, White W M, Feldmann H, *et al*. Hafnium/rare earth element fractionation in the sedimentary system and crustal recycling into the Earth's mantle. Earth and Planetary Science Letters, 1984, 69(2): 365-378.

Peng J, Zhou M, Hu R, *et al*. Precise molybdenite Re-Os and mica Ar-Ar dating of the Mesozoic Yaogangxian tungsten deposit, central Nanling district, South China. Mineralium Deposita, 2006, 41(7): 661-669.

Peng J T, Hu R Z and Burnard P G. Samarium-neodymium isotope systematics of hydrothermal calcites from the Xikuangshan antimony deposit(Hunan, China): the potential of calcite as a geochronometer. Chemical Geology, 2003, 200(1-2): 129-136.

Philpotts J A and Schnetzler C C. Phenocryst-matrix partition coefficients for K, Rb, Sr and Ba, with applications to anorthosite and basalt genesis. Geochimica et Cosmochimica Acta, 1970, 34(3): 307-322.

Pitcher W S. Granite type and tectonic environment. Mountain building processes,

1983,19:19-40.

Pitcher W S. The Nature and Origin of Granite Blackie. London: Academic and Professional,1993:321.

Qin Y,Wang D H,Wu L B,et al. Zircon SHRIMP U-Pb dating of the mineralized porphyry in the Dongyuan W deposit in Anhui Province and its geological significance. Acta Geologica Sinica,2010,84(4):479-484.

Qiu J S,Wang D Z,Mcinnes B I A,et al. Two subgroups of A-type granites in the coastal area of Zhejiang and Fujian Provinces,SE China:age and geochemical constraints on their petrogenesis. Transactions of the Royal Society of Edinburgh: Earth Sciences,2004,95(1-2):227-236.

Qiu J T,Yu X Q,Santosh M,et al. Geochronology and magmatic oxygen fugacity of the Tongcun molybdenum deposit, northwest Zhejiang, SE China. Mineralium Deposita,2013,48:545-556.

Raith J G and Stein H J. Re-Os dating and sulfur isotope composition of molybdenite from tungsten deposits in western Namaqualand,South Africa:implications for ore genesis and the timing of metamorphism. Mineralium Deposita, 2000, 35 (8): 741-753.

Rapp R P,Ryerson F J and Miller C F. Experimental evidence bearing on the stability of monazite during crustal anaatexis. Geophysical Research Letters, 1987,14(3):307-310.

Rasmussen K L andMortensen J K. Magmatic petrogenesis and the evolution of (F:Cl:OH) fluid composition in barren and tungsten skarn-associated plutons using apatite and biotite compositions:Case studies from the northern Canadian Cordillera. Ore Geology Reviews,2013,50:118-142.

Rausell-Colom J A,Wiewiora A and Matesanz E. Relationship between composition and d^{001} for chlorite. American Mineralogist,1991,76(7-8):1373-1379.

Ren J Y,Tamaki K,Li S, et al. Late Mesozoic and Cenozoic rifting and its dynamic setting in Eastern China and adjacent area. Tectonophysics,2002,344: 175-205.

Rice C M,Darke K E,Still J W,et al. Tungsten-bearing rutile from the Kori Kollo gold mine,Bolivia. Mineralogical Magazine,1998,62(3):421-429.

Rieder M,Cavazzini G D, Yakonov Y S, et al. Nomenclature of the micas. Mineralogical Magazine,1999,63(2):267-279.

Robb L. Introduction to Ore-Forming Processes. Oxford, UK: Blackwell Publishing Company,2005:386.

Romer R L,Förster H and Hahne K. Strontium isotopes—A persistent tracer for the recycling of Gondwana crust in the Variscan orogen. Gondwana Research, 2012,22(1):262-278.

Ruiz C, Fernández-Leyva C and Locutura J. Geochemistry, geochronology and mineralisation potential of the granites in the Central Iberian Zone: The Jalama batholith. Chemie Der Erde-Geochemistry,2008,68(4):413-429.

Sarjoughian F, Kananian A, Ahmadian J,*et al*. Chemical composition of biotite from the Kuh-e Dom pluton,Central Iran:implication for granitoid magmatism and related Cu-Au mineralization. Arabian Journal of Geosciences:2014,1-13.

Sato K. Tungsten skarn deposit of the Fujigatani mine, southwest Japan. Economic Geology,1980,75(7):1066-1082.

Scotese CR. 2002. http://www. scotese. com,(PALEOMAP website)..

Selby D and Nesbitt B E. Chemical composition of biotite from the Casino porphyry Cu-Au-Mo mineralization,Yukon,Canada:evaluation of magmatic and hydrothermal fluid chemistry. Chemical Geology,2000,171(1):77-93.

Shelton K L,So C,Rye D M,*et al*. Geologic, sulfur isotope, and fluid inclusion studies of the Sannae W-Mo Mine, Republic of Korea:comparison of sulfur isotope systematics in Korean W deposits. Economic Geology,1986,81(2):430-446.

Shi H S and Li C F. Mesozoic and early Cenozoic tectonic convergence-to-rifting transition prior to opening of the South China Sea. International Geology Review,2012,54:1801-1828.

Shu X J,Wang X L,Sun T,*et al*. Trace elements,U-Pb ages and Hf isotopes of zircons from Mesozoic granites in the western Nanling Range, South China: Implications for petrogenesis and W-Sn mineralization. Lithos, 2011, 127: 468-482.

So C,Rye D M and Shelton K L. Carbon, hydrogen, oxygen, and sulfur isotope and fluid inclusion study of the Weolag tungsten-molybdenum deposit,Republic of Korea:fluid histories of metamorphic and ore-forming events. Economic Geology,1983,78(8):1551-1573.

Söderlund U, Patchett P J, Vervoort J D, *et al*. The [176]Lu decay constant determined by Lu-Hf and U-Pb isotope systematics of Precambrian mafic intrusions. Earth and Planetary Science Letters,2004,219(3):311-324.

Song G,Qin K,Li G,*et al.* Geochronology and Ore-Forming Fluids of the Baizhangyan W-Mo Deposit in the Chizhou Area,Middle-Lower Yangtze Valley,SE-China. Resource Geology,2013,63(1):57-71.

Song G,Qin K,Li G,*et al.* Geochronologic and isotope geochemical constraints on magmatism and associated W-Mo mineralization of the Jitoushan W-Mo deposit,middle-lower Yangtze Valley. International Geology Review,2012,54 (13):1532-1547.

Srivastava P K and Sinha A K. Geochemical characterization of tungsten-bearing granites from Rajasthan,India. Journal of Geochemical Exploration,1997,60 (2):173-184.

Stone D. Temperature and pressure variations in suites of Archean felsic plutonic rocks, Berens River area, northwest Superior Province, Ontario, Canada. The Canadian Mineralogist,2000,38(2):455-470.

Streckeisen A and Le Maitre R W. A chemical approximation to the modal QAPF classification of the igneous rocks. Neues Jahrbuch für Mineralogie, Abhandlungen,1979,136:169-206.

Sun W D,Arculus R J,Kamenetsky V S,*et al.* Release of gold-bearing fluids in convergent margin magmas prompted by magnetite crystallization. Nature, 2004,431(7011):975-978.

Sun W D,Ding X,Hu Y H,*et al.* The golden transformation of the Cretaceous plate subduction in the west Pacific. Earth and Planetary Science Letters,2007, 262(3):533-542.

Sun W D,Ling M X,Yang X Y,*et al.* Ridge subduction and porphyry copper-gold mineralization:An overview. Science China Earth Sciences, 2010, 53 (4): 475-484.

Sun W D,Xie Z,Chen J F,*et al.* Os-Os dating of copper and molybdenum deposits along the middle and lower reaches of the Yangtze River, China. Economic Geology,2003,98(1):175-180.

Sun W D,Yang X Y,Fan W M,*et al.* Mesozoic large scale magmatism and mineralization in South China:Preface. Lithos,2012,150:1-5.

Sylvester P J,Ward B J and Rossman L. Chemical compositions of siderophile element-rich opaque assemblages in an Allende inclusion. Geochimica et Cosmochimica Acta,1990,54:3308-3491.

Sylvester P J. Post-collisional alkaline granites. The Journal of Geology,1989,97: 261-280.

Sylvester P J. Post-collisional strongly peralumious granites. Lithos, 1998, 45: 29-44.

Taylor R P,Strong D F and Fryer B J. Volatile control of contrasting trace element distributions in peralkaline granitic and volcanic rocks. Contributions to Mineralogy and Petrology,1981,77(3):267-271.

Teixeira R,Neiva A,Silva P B,et al. Combined U-Pb geochronology and Lu-Hf isotope systematics by LAM-ICPMS of zircons from granites and metasedimentary rocks of Carrazeda de Ansiães and Sabugal areas, Portugal, to constrain granite sources. Lithos,2011,125(1):321-334.

Teixeira R J S, Neiva A M R, Gomes M E P, et al. The role of fractional crystallization in the genesis of early syn-D3,tin-mineralized Variscan two-mica granites from the Carrazeda de Ansiães area,northern Portugal. Lithos,2012, 153:177-191.

Turekian K K and Wedepohl K H. Distribution of the elements in some major units of the earth's crust. Geological Society of America Bulletin,1961,72(2): 175-192.

VanAchterbergh E,Ryan C G,Jackson S E,et al. Data reduction software for LA-ICP-MS. Laser-Ablation-ICPMS in the earth sciences—principles and applications. Miner Assoc Can(short course series),2001,29:239-243.

Vervoort J D and Blichert-Toft J. Evolution of the depleted mantle:Hf isotope evidence from juvenile rocks through time. Geochimica et Cosmochimica Acta, 1999,63(3):533-556.

Villaseca C,Orejana D and Belousova E A. Recycled metaigneous crustal sources for S-and I-type Variscan granitoids from the Spanish Central System batholith:Constraints from Hf isotope zircon composition. Lithos,2012,153: 84-93.

Wade J,Wood B J and Norris C A. The oxidation state of tungsten in silicate at high pressures and temperatures. Chemical Geology,2013,335:189-193.

Wang F Y, Ling M X, Ding X, et al. Mesozoic large magmatic events and mineralization in SE China; oblique subduction of the Pacific plate. International Geology Review, 2011, 53(5-6): 704-726.

Wang G G, Ni P, Zhao K D, *et al*. Petrogenesis of the Middle Jurassic Yinshan volcanic-intrusive complex, SE China: Implications for tectonic evolution and Cu-Au mineralization. Lithos, 2012, 150: 135-154.

Wang J and Li Z X. History of Neoproterozoic rift basins inSouth China; implications for Rodinia break-up. Precambrian Research, 2003, 122(1): 141-158.

Wang Q, Wyman D A, Xu J F, *et al*. Partial Melting of Thickened or Delaminated Lower Crust in the Middle of Eastern China: Implications for Cu-Au Mineralization. The Journal of Geology, 2007b, 115(2): 149-161.

Wang Q, Xu J F, Jian P, Bao Z W, *et al*. Petrogenesis of adakitic porphyries in an extensional tectonic setting, Dexing, South China: implications for the genesis of porphyry copper mineralization. Journal of Petrology, 2006a, 47(1): 119-144.

Wang Q, Wyman D A, Xu J F, *et al*. Petrogenesis of Cretaceous adakitic and shoshonitic igneous rocks in the Luzong area, Anhui Province (eastern China): implications for geodynamics and Cu-Au mineralization. Lithos, 2006b, 89(3): 424-446.

Wang Q, Zhao Z H, Bao Z W, *et al*. Geochemistry and Petrogenesis of the Tongshankou and Yinzu Adakitic Intrusive Rocks and the Associated Porphyry Copper-Molybdenum Mineralization in Southeast Hubei, East China. Resource Geology, 2004, 54(2): 137-152.

Wang X, Zhou J, Wan Y, *et al*. Magmatic evolution and crustal recycling for Neoproterozoic strongly peraluminous granitoids from southern China: Hf and O isotopes in zircon. Earth and Planetary Science Letters, 2013, 366: 71-82.

Wang X L, Zhou J C, Griffin W L, *et al*. Detrital zircon geochronology of Precambrian basement sequences in the Jiangnan orogen: Dating the assembly of the Yangtze and Cathaysia Blocks. Precambrian Research, 2007, 159(1): 117-131.

Wang X L, Zhou J C, Qiu J S, *et al*. Geochronology and geochemistry of Neoproterozoic mafic rocks from western Hunan, South China: implications for petrogenesis and post-orogenic extension. Geological Magazine, 2008, 145(2): 215.

Wang Y J, Fan W M and Guo F. Geochemistry of early Mesozoic potassium-rich diorites-granodiorites in southeastern Hunan Province, South China: Petrogenesis and tectonic implications. Geochemical Journal,2003,37(4):427-448.

Wang Y J,Fan W M,Cawood P A,*et al*. Sr-Nd-Pb isotopic constraints on multiple mantle domains for Mesozoic mafic rocks beneath the South China Block hinterland. Lithos,2008,106(3):297-308.

Wang Y J,Fan W M,Peng T P,*et al*. Elemental and Sr-Nd isotopic systematics of the early Mesozoic volcanic sequence in southern Jiangxi Province, South China:petrogenesis and tectonic implications. International Journal of Earth Sciences,2005,94(1):53-65.

Wasson J T andKallemeyn G W. Compositions of Chondrites. Philosophical Transactions of the Royal Society of London,1988,325(1587):535-544.

Watson E B and Harrison T M. Zircon saturation revisited:temperature and composition effects in a variety of crustal magma types. Earthand Planetary Science Letters,1983,64:295-304.

Watson E B and Harrison T M. Accessory minerals and the geochemical evolution of crustal magmatic systems: a summary and prospectus of experimental approaches. Physicsof the Earth and Planetary Interiors,1984,35(1):19-30.

Webster J D,Thomas R,Rhede D,*et al*. Melt inclusions in quartz from an evolved peraluminous pegmatite:Geochemical evidence for strong tin enrichment in fluorine-rich and phosphorus-rich residual liquids. Geochimica et Cosmochimica Acta,1997,61(13):2589-2604.

Webster J D. Partitioning of F between H_2O and CO_2 fluids and topaz rhyolite melt. Contrib. Mineral. Pertrol. ,1990,104:424-438.

Wei W,Hu R,Bi X,*et al*. Infrared microthermometric and stable isotopic study of fluid inclusions in wolframite at the Xihuashan tungsten deposit, Jiangxi province,China. Mineralium Deposita,2012,47(6):589-605.

Wesolowski D,Drummond S E and Mesmer R E. Hydrolysis equilibria of tungsten（Ⅵ）in aqueous sodium chloride solutions to 300℃. Inorganic Chemistry,1984,23:1120-1132.

Whalen J,Jenner G A,Longstaffe F J,*et al*. Geochemical and isotopic(O,Nd,Pb and Sr) constraints on A-type granite petrogenesis based on the Topsails igneous suite,Newfoundland Appalachians. Journal of Petrology,1996,37(6): 1463-1489.

Whalen J B, Currie K L and Chappell B W. A-type granites: geochemical characteristics,discrimination and petrogenesis. Contributionsto Mineralogy and Petrology,1987,95(4):407-419.

Wiewióra A and Weiss Z. Crystallochemical classifications of phyllosilicates based on the unified system of projection of chemical composition: II. The chlorite group. Clay Minerals,1990,25(1):83-92.

Wones D R and Eugster H P. Stability of biotite: experiment, theory, and application. American Mineralogist,1965,50(9):1228-1272.

Wong J,Sun M,Xing G F,et al. Geochemical and zircon U-Pb and Hf isotopic study of the Baijuhuajian metaluminous A-type granite: Extension at 125-100 Ma and its tectonic significance for South China. Lithos,2009,112(3):289-305.

Wood SA. Do tungsten chloride complexes contribute to the genesis of hydrothermal tungsten deposits? [C]. 1990:2-4.

Wright J B. A simple alkalinity ratio and its application toquestitions of non-orogenic granite genesis. Geological Magazine,1969,106:370-384.

Wu F Y,Ji W Q,Sun D H,et al. Zircon U-Pb geochronology and Hf isotopic compositions of the Mesozoic granites in southern Anhui Province, China. Lithos,2012,150:6-25.

Wu F Y,Yang Y H,Xie L W,et al. Hf isotopic compositions of the standard zircons andbaddeleyites used in U-Pb geochronology. Chemical Geology,2006, 234(1):105-126.

Wu J D. Antimony vein deposits of China. Ore Geology Reviews,1993,8(3-4): 213-232.

Wu R,Zheng Y,Wu Y,et al. Reworking of juvenile crust: element and isotope evidence from Neoproterozoic granodiorite in South China. Precambrian Research, 2006,146(3):179-212.

Xie J C,Yang X Y,Sun W D,et al. Early Cretaceous dioritic rocks in the Tongling region,eastern China: Implications for the tectonic settings. Lithos,2012,150: 49-61.

Xie L,Wang R C,Chen J,et al. Primary Sn-richtitianite in the Qitianling granite, Hunan Province,southern China: An important type of tin-bearing mineral and its implications for tin exploration. Chinese Science Bulletin, 2009, 54 (5): 798-805.

Xie X,Byerly G R and Ferrell Jr R E. Ⅱb trioctahedral chlorite from the

Barberton greenstone belt: crystal structure and rock composition constraints with implications to geothermometry. Contributions to Mineralogy and Petrology, 1997,126(3):275-291.

Xiong X L,Zhao Z F and Zhu J C. Partitioning of F between aqueous fluids and albite granite melt and its petrogenetic and metallogenetic significance. Chinese Journal of Geochemistry,1998,17(4):303-310.

Xu J F,Shinjo R C,Defant M J,*et al*. Origin of Mesozoic adakitic intrusive rocks in the Ningzhen area of east China: Partial melting of delaminated lower continental crust? Geology,2002,30(12):1111-1114.

Yang R,Ma D and Pan J. Geothermal field of ore-forming fluids of antimony deposits in Xikuangshan. Geochimica,2003,6:509-519.

Yang R,Ma D,Bao Z,*et al*. Geothermal and fluid flowing simulation of ore-forming antimony deposits in Xikuangshan. Science In China Series D-Earth Sciences,2006,49(8):862-871.

Yang S Y,Jiang S Y,Zhao K D,*et al*. Timing and geological implications of volcanic rocks from the Ruyiting section,Xiangshan uranium ore field,Jiangxi Province,SE China. Acta Petrologica Sinica,2013,29(12):4362-4372.

Yang S Y,Jiang S Y,Jiang Y H,*et al*. Geochemical,zircon U-Pb dating and Sr-Nd-Hf isotopic constraints on the age and petrogenesis of an Early Cretaceous volcanic-intrusive complex at Xiangshan,Southeast China. Mineralogy and Petrology,2010a,101(1-2):21-48.

Yang S Y,Jiang S Y,Jiang Y H,*et al*. Zircon U-Pb geochronology,Hf isotopic composition and geological implications of therhyodacite and rhyodacitic porphyry in the Xiangshan uranium ore field,Jiangxi Province,China. Science China Earth Sciences,2010b,53(10):1411-1426.

Yang S Y,Jiang S Y,Li L,*et al*. Late Mesozoic magmatism of the Jiurui mineralization district in the Middle-Lower Yangtze River Metallogenic Belt, Eastern China: Precise U-Pb ages and geodynamic implications. Gondwana Research,2011,20(4):831-843.

Yang S Y,Jiang S Y,Zhao K D,*et al*. Geochronology,geochemistry and tectonic significance of two Early Cretaceous A-type granites in the Gan-Hang Belt Southeast China. Lithos,2012,150(1):155-170.

Yang X Y and Lee I S. Review of the stable isotope geochemistry of Mesozoic igneous rocks and Cu-Au deposits along the middle-lower Yangtze Metallogenic Belt, China. International Geology Review, 2011, 53(5-6): 741-757.

Yu J H, O Reilly S Y, Wang L, *et al*. Components and episodic growth of Precambrian crust in the Cathaysia Block, South China: Evidence from U-Pb ages and Hf isotopes of zircons in Neoproterozoic sediments. Precambrian Research, 2010, 181(1): 97-114.

Yurimoto H, Duke E F, Papike J J, *et al*. Are discontinuous chondrite-normalized REE patterns in pegmatitic granite systems the results of monazite fractionation? Geochimica et Cosmochimica Acta, 1990, 54(7): 2141-2145.

Zakeri L, Malek-Ghasemi F, Jahangiri A, *et al*. Metallogenic implications of biotite chemical composition: Sample from Cu-Mo-Au mineralized granitoids of the Shah Jahan Batholith, NW Iran. Central European Geology, 2011, 54(3): 271-294.

Zang W and Fyfe W S. Chloritization of the hydrothermally altered bedrock at theIgarapé Bahia gold deposit, Carajás, Brazil. Mineralium Deposita, 1995, 30(1): 30-38.

Zartman R E and Doe B R. Plumbotectonics——the model. Tectonophysics, 1981, 75(1): 135-162.

Zen E. Aluminum enrichment in silicate melts by fractional crystallization: somemineralogic and petrographic constraints. Journal of Petrology, 1986, 27(5): 1095-1117.

Zhang C, Santosh M, Zou H, *et al*. The Fuchuan ophiolite in Jiangnan Orogen: Geochemistry, zircon U-Pb geochronology, Hf isotope and implications for the Neoproterozoic assembly of South China. Lithos, 2013, 179: 263-274.

Zhang W, Wang R, Lei Z, *et al*. Zircon U-Pb dating confirms existence of a Caledonian scheelite-bearing aplitic vein in the Penggongmiao granite batholith, South Hunan. Chinese Science Bulletin, 2011, 56(19): 2031-2036.

Zhang X Y. Geochemical characteristics and origin ofYangchuling porphyry W-Mo deposit. Geochemistry, 1982, 2(2): 99-113.

Zhao K D, Jiang S Y, Jiang Y H, *et al*. Mineral chemistry of the Qitianling granitoid and the Furong tin oredeposit in Hunan Province, South China implication for the genesis of granite and related tin mineralization. European Journal of Mineralogy, 2005, 17(4): 635-648.

Zheng Y,Zhang S,Zhao Z,*et al*. Contrasting zircon Hf and O isotopes in the two episodes of Neoproterozoic granitoids in South China:implications for growth and reworking of continental crust. Lithos,2007,96(1):127-150.

Zhou X M and Li W X. Origin of Late Mesozoic igneous rocks in Southeastern China:Implications for lithosphere subduction and underplating of mafic magmas. Tectonophysics,2000,326:269-287.

Zhou X M,Sun T,Shen W,*et al*. Petrogenesis of Mesozoic granitoids and volcanic rocks in South China:A response to tectonic evolution. Episodes,2006,29: 26-33.

Zhu J C,Chen J,Wang R C,*et al*. EarlyYanshanian NE Trending Sn/W-Bearing A-Type Granites in the Western-Middle Part of the Nanling Mts Region. Acta Metallurgica Sinica,2008,14(4):474-484.

Zhu J C,Wang R C,Xie C F,*et al*. Zircon U-Pbgeochronological framework of Qitianling granite batholith,middle part of Nanling Range,South China. Science in China Series D:Earth Sciences,2009,52(9):1279-1294.

Zhu Z,Jiang S,Hu J,*et al*. Geochronology,geochemistry,and mineralization of the granodiorite porphyry hosting the Matou Cu-Mo(±W) deposit,Lower Yangtze River metallogenic belt,eastern China. Journal of Asian Earth Sciences,2013,79:623-640.

包志伟,赵振华,熊小林. 广东恶鸡脑碱性正长岩的地球化学及其地球动力学意义. 地球化学,2000,29(5):467-468.

蔡杨,马东升,陆建军,等. 湖南邓阜仙钨矿辉钼矿铼-锇同位素定年及硫同位素地球化学研究. 岩石学报,2012,28(12):3798-3808.

曹钟清. 江西省大湖塘钨(钼、铜、锡)矿集区成矿规律研究. 武宁:江西省地质矿产资源局,2011:16.

陈国华,万浩章,舒良树,等. 江西景德镇朱溪铜钨多金属矿床地质特征与控矿条件分析. 岩石学报,2012,28(12):3901-3914.

陈骏,陆建军,陈卫锋,等. 南岭地区钨锡铌钽花岗岩及其成矿作用. 高校地质学报,2008,14(4):459-473.

陈培荣,范春方,孔兴功,等. 6710铀矿区火成岩的地球化学特征及其构造和成矿意义. 铀矿地质,2000,16(6):334-343.

陈培荣,章邦桐,孔兴功,等. 赣南寨背A型花岗岩体的地球化学特征及其构造地质意义. 岩石学报,1998,14(3):289-298.

陈志洪,邢光福,郭坤一,等. 长江中下游成矿带九瑞矿集区(北部)含矿岩体的锆石 U-Pb 定年及其地质意义.地质学报,2011,85(7):1146-1158.

程彦博,童祥,武俊德,等.华南西部地区晚中生代与 W-Sn 矿有关花岗岩的年代学格架及地质意义.岩石学报,2010,26(3):809-818.

范春方,陈培荣.赣南陂头 A 型花岗岩的地质地球化学特征及其形成的构造环境.地球化学,2000,29(4):358-366.

丰成友,张德全,项新葵,等.赣西北大湖塘钨矿床辉钼矿 Re-Os 同位素定年及其意义.岩石学报,2012,28(12):3858-3868.

高剑峰,陆建军,赖鸣远,等.岩石样品中微量元素的高分辨率等离子质谱分析.南京大学学报,2003,39:844-850.

高林志,黄志忠,丁孝忠,等.赣西北新元古世修水组和马涧桥组 SHRIMP 锆石 U-Pb 年龄.地质通报,2012,31(7):1086-1093.

高林志,杨明桂,丁孝忠,等.华南双桥山群和河上镇群凝灰岩中的锆石 SHRIMP U-Pb 年龄——对江南新元古世造山带演化的制约.地质通报,2008,27(10):1744-1751.

顾雪祥,刘建明,Schulz O,等.湖南沃溪钨-锑-金建造矿床同生成因的微量元素和硫同位素证据.地质科学,2004,39(3):424-439.

郭令智,卢华复,施央申,等.江南中、新元古世岛弧的运动学和动力学.高校地质学报,1996,2(1):1-13.

华仁民,陈培荣,张文兰,等.华南中、新生代与花岗岩类有关的成矿系统.中国科学(D),2003,33:335-343.

华仁民,陈培荣,张文兰,等.论华南地区中生代 3 次大规模成矿作用.矿床地质,2005,24(2):99-108.

黄汲清.中国东部大地构造分区及其特点的新认识.地质学报,1959,39(2):115-134.

黄汲清.中国地质构造基本特征的初步总结.地质学报,1960,40(1):1-32.

黄兰椿,蒋少涌.江西大湖塘钨矿床似斑状白云母花岗岩锆石 U-Pb 年代学、地球化学及成因研究.岩石学报,2012,28(12):3887-3900.

黄兰椿,蒋少涌.江西大湖塘富钨花岗斑岩年代学、地球化学特征及成因研究.岩石学报,2013,29(12):4323-4335.

江西省地质矿产局.江西省区域地质志.北京:地质出版社,1984:921.

蒋国豪,胡瑞忠.赣南大吉山钨矿岩体、矿脉白云母地球化学及成岩成矿意义.矿物学报,2007,12(增):271-272.

兰玉琦,叶瑛. 江南地背斜东南缘晚元古宙岛弧型火山岩及其成矿远景. 地质找矿论丛,1991,6(2):1-10.

李顺庭,王京彬,祝新友,等. 湖南瑶岗仙钨多金属矿床辉钼矿 Re-Os 同位素定年和硫同位素分析及其地质意义. 现代地质,2011,25(2):228-235.

李献华. 扬子南缘沉积岩的同位素演化及其大地构造意义. 岩石学报,1996,3:359-369.

李晓峰,Watanabe Y,华仁民,等. 华南地区中生代 Cu-(Mo)-W-Sn 矿床成矿作用与洋岭/转换断层俯冲. 地质学报,2008,82(5):625-640.

林黎,余忠珍,罗小洪,等. 江西大湖塘钨矿田成矿预测. 东华理工学院学报,2006a,3(增):139-142.

林黎,占岗乐,喻晓平. 江西大湖塘钨(锡)矿田地质特征及远景分析. 资源调查与环境,2006b,1(27):25-28.

刘家远. 西华山钨矿的花岗岩组成及与成矿的关系. 地质找矿论丛,2005,20(1):1-7.

刘阳生,黄革非,邝田顺,等. 初论湘南地区中酸性花岗岩类与有色金属矿产的关系. 华南地质与矿产,2003,3:37-42.

刘英俊,曹励明,李兆麟,等. 1984. 元素地球化学. 北京:科学出版社,553.

马长信,项新葵. 赣东北前寒武纪变质地层钦模式年龄初步研究. 地质科学,1993,28(2):145-150.

马东升. 华南主要金属矿床的成矿规律. 矿物岩石地球化学通报,2008,27(3):209-217.

马东升. 钨的地球化学研究进展. 高校地质学报,2009,15(1):19-34.

毛景文,陈毓川,谢桂青,等. 华南地区中生代主要金属矿床时空分布规律和成矿环境. 高校地质学报,2008,14(4):510-526.

毛景文,谢桂青,李晓峰,等. 华南地区中生代大规模成矿作用与岩石圈多阶段伸展. 地学前缘,2004,11(1):45-55.

梅勇文. 江西西华山花岗岩的演化与脉钨矿床的成矿关系. 岩石学报,1987,11(4):10-20.

濮巍,高剑峰,赵葵东,等. 利用 DCTA 和 HIBA 快速有效分离 Rb-Sr、Sm-Nd 的方法. 南京大学学报(自然科学版),2005,41:445-450.

丘元禧. 雪峰山陆内造山带的构造特征与演化. 高校地质学报,1998,(4):432-443.

舒良树,施央申,郭令智,等. 江南中段板块-地体构造与碰撞造山运动学. 南京:南京大学出版社,1995:174.

宋生琼,胡瑞忠,毕献武,等. 赣南崇义淘锡坑钨矿床氢、氧、硫同位素地球化学研究. 矿床地质,2011,30(1):1-10.

孙涛,陈培荣,周新民,等. 南岭东段强过铝质花岗岩中白云母研究. 地质评论,2002,48(5):518-525.

孙卫东,凌明星,杨晓勇,等. 洋脊俯冲与斑岩铜金矿成矿. 中国科学:地球科学,2010,40(2):127-137.

田邦生,袁步云. 赣西北香炉山钨矿床地质特征与找矿标志. 高校地质学报,2008,14(1):114-119.

汪湘,王志成,汪传胜. 若干补体花岗岩——锆石学特征及其成岩模式探讨. 周新民. 南岭地区晚中生代花岗岩成岩与岩石圈动力学演化. 北京:科学出版社,2007:658-691.

王德滋,刘昌实,沈渭洲,等. 华南 S 型火山杂岩与成矿. 南京大学学报(自然科学版),1994,(2):322-333.

王德滋,沈渭洲. 中国东南部花岗岩成因与地壳演化. 地学前缘,2003,10(3):209-210.

王鹏程,李三忠,刘鑫,等. 长江中下游燕山期逆冲推覆构造及成因机制. 岩石学报,2012,28(10):3418-3430.

王岳军,范蔚茗,郭锋,等. 湘东南中生代花岗闪长岩锆石 U-Pb 法定年及其成因指示. 中国科学(D 辑),2001a,31(9):745-751.

王岳军,范蔚茗,郭锋,等. 湘东南中生代花岗闪长质小岩体的岩石地球化学特征. 岩石学报,2001b,17(1):169-175.

吴元保,郑永飞. 锆石成因矿物学研究及其对 U-Pb 年龄解释的制约. 科学通报,2004,49(16):1589-1604.

周翔,余心起,王德恩,等. 皖南东源含 W、Mo 花岗闪长斑岩及成岩成矿年代学研究. 矿床地质,2010,29(增刊):555-556.

肖剑,王勇,洪应龙,等. 西华山钨矿花岗岩地球化学特征与与钨成矿的关系. 东华理工大学学报(自然科学版),2009,32(1):22-32.

徐克勤,程海. 中国钨矿形成的大地构造背景. 地质找矿论丛,1987,2(3):1-7.

徐文炘. 我国南方若干锡矿床成矿物质来源的同位素证据. 矿产与地质,1988,2(增刊):128-136.

许靖华,孙枢,李继亮. 是华南造山带而不是华南地台. 中国科学,1987(10):1107-1115.

薛志远. 湖南郴州芙蓉锡矿田绿泥石成分温度计应用及其成矿温度研究(硕士学位

论文).北京:中国地质大学,2009:58.

鄢明才,迟清华.中国东部地壳与岩石的化学组成.北京:科学出版社,1997:171.

杨水源.华南赣杭构造带含铀火山盆地岩浆岩的成岩机制及动力学背景.南京:南京大学,2013:160.

曾键年,范永香,林卫兵.江西金山金矿床成矿物质来源的铅和硫同位素示踪.现代地质,2002,16(2):170-176.

张海祥,孙大中,朱炳泉,等.赣北元古代变质沉积岩的铅钕同位素特征.中国区域地质,2000,19(1):66-71.

张文兰,华仁民,王汝成,等.赣南大吉山花岗岩成岩与钨矿成矿年龄的研究.地质学报,2006,80(7):956-963.

张玉学.阳储岭斑岩钨钼矿床地质地球化学特征及其成因探讨.地球化学,1982,2:122-132.

章邦桐,吴俊奇,凌洪飞,等.花岗岩中原生与次生白云母的鉴别特征及其地质意义.岩石矿物学杂志,2010,29(3):225-234.

郑巧荣.由电子探针分析值计算 Fe^{3+} 和 Fe^{2+}.矿物学报,1983,1:55-62.

钟玉芳,马昌前,佘振兵,等.江西九岭花岗岩类复式岩基锆石 SHRIMP U-Pb 年代学.地球科学-中国地质大学学报,2005,30(6):685-691.

周洁.江南造山带东段含钨与非含钨花岗岩地质、地球化学对比研究.南京:南京大学,2013:107.

周新民,王德滋.皖南低 87Sr/86Sr 初始比的过铝花岗闪长岩及其成因.岩石学报,1988,4(3):37-45.

朱光,刘国生.皖南江南陆内造山带的基本特征与中生代造山过程.大地构造与成矿学,2000,24(84):103-111.

朱夏.试论中国中新生代油气盆地的地球动力学背景.北京:石油工业出版社,1980:61-70.